芝宝贝

小儿辅食与营养餐制作

周忠蜀 著

中国人口出版社
China Population Publishing House
全国百佳出版单位

图书在版编目（CIP）数据

芝宝贝 ： 小儿辅食与营养餐制作 / 周忠蜀著. --
北京 ： 中国人口出版社，2015.5
ISBN 978-7-5101-2876-9

Ⅰ. ①芝… Ⅱ. ①周… Ⅲ. ①婴幼儿—保健—食谱
Ⅳ. ①TS972.162

中国版本图书馆CIP数据核字（2014）第244530号

芝宝贝：小儿辅食与营养餐制作
周忠蜀　著

出版发行	中国人口出版社
印　　刷	北京东方宝隆印刷有限公司
开　　本	787毫米×1092毫米 1/16
印　　张	12
字　　数	100千字
版　　次	2015年5月第1版
印　　次	2015年5月第1次印刷
书　　号	ISBN 978-7-5101-2876-9
定　　价	29.80元
社　　长	张晓林
网　　址	www.rkcbs.net
电子信箱	rkcbs@126.com
电　　话	(010)83519390
传　　真	(010)83519401
地　　址	北京市西城区广安门南街80号中加大厦
邮　　编	100054

前言

宝宝的成长只有一次，如果在饮食营养方面做得不到位，错过了发育的黄金期（0~3岁），就会直接影响宝宝身体、心理、智能的发育。辅食是否均衡、有营养，对成长中的宝宝是很重要的，特别是在0~3岁阶段的营养给予，更是奠定宝宝一生健康的根基。

纯母乳喂养的宝宝，辅食从6个月开始添加；配方奶粉喂养的宝宝，一般从4个月开始添加辅食。4~6个月后要逐渐给宝宝加一些除了母乳之外的食物，包括果汁、菜汁等液体的食物，米粉、果泥、菜泥等半固体食物，烂米饭、烂面条、切成小块的水果、蔬菜等固体食物。

本书针对6个月至3岁宝宝的不同成长阶段对营养的不同需求，从添加辅食开始到营养配餐，按照流质食物、半流质食物、泥状食物、固体食物的顺序，精选150余道小儿辅食与营养餐以及宝宝生病时的饮食调理等，并配以图片。所选的每一种食材都是日常生活中随处可见的，制作方法简单易学。让爸爸妈妈轻松做辅食，宝宝开心吃得香！

宝宝的健康，是全家最大的幸福。

鸣谢

模　特：鼎鼎、瞳瞳、妮妮、Johnny

摄影师：张磊、郭力绮

目录 CONTENTS

第1章 营养辅食 为宝宝提供更丰富的营养

添加辅食的重要性

帮宝宝养成良好的饮食习惯

宝宝食物的烹调

第2章 4～6个月宝宝辅食

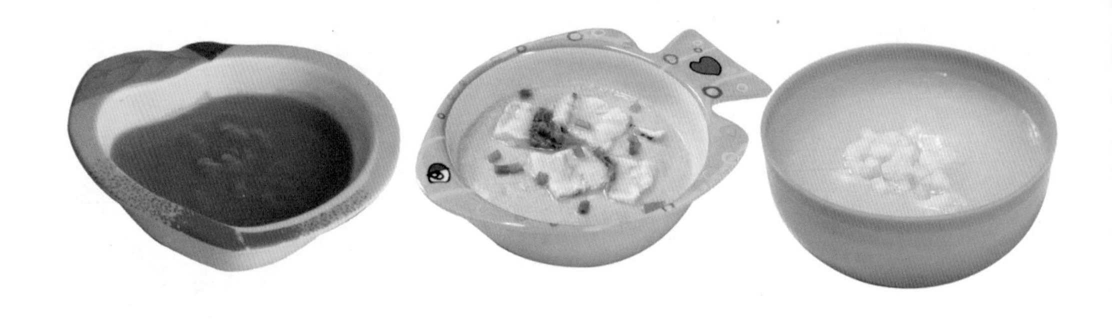

第3章 7～9个月宝宝辅食

第4章 10～12个月宝宝辅食

第5章 1～2岁宝宝营养配餐

第 6 章　2 ~ 3 岁宝宝营养配餐

第7章 宝宝常见症状的食疗法

第1章

营养辅食

为宝宝提供更丰富的营养

世界卫生组织、国际母乳协会以及联合国儿童基金会都推荐母乳喂养至少到宝宝1岁，建议宝宝出生6个月以后开始增加辅食。因此，从为宝宝添加辅食开始，妈妈就应该有意识地掌握一些婴幼儿的营养知识和制作营养餐的技能。让宝宝吃好，一直以来都是妈妈最大的心愿。宝宝只有吃得有营养，才能拥有健康的身体。

添加辅食的重要性

什么是辅食

辅食又称为离乳食品、断奶食品、转奶期食品，是指由单纯母乳或配方奶喂养过渡到成人饮食这一阶段内所添加的食品，并不是指让宝宝完全断掉奶以后所吃的食物。辅食包括流质、半流质、泥糊状、半固体、固体等一系列不同性状的食物，种类包括水果、蔬菜、谷物、肉类等，它们能训练宝宝的咀嚼、吞咽功能，满足宝宝对热能和各种营养的需求。

为什么要给宝宝添加辅食

补充宝宝生长所需的营养。母乳虽是宝宝最佳的天然食品，但宝宝4~6个月以后，母乳已经不能完全满足宝宝的营养需求，此时就需要通过添加各种辅食来补充。

锻炼咀嚼、吞咽能力，为独立吃饭做准备。辅食一般为半流质或固态食物，宝宝在吃的过程中能锻炼咀嚼、吞咽能力。宝宝的饮食逐渐从单一的奶类过渡到多样化饮食，可为断奶做好准备。

有利于宝宝的语言发展。宝宝在咀嚼、吞咽辅食的同时，还能充分锻炼口周、舌部小肌肉。宝宝是否有足够的力量自如运用口周肌肉和舌头，对其今后准确地模仿发音、发展语言能力有着重要意义。

帮助宝宝养成良好的生活习惯。从4个月起，宝宝逐渐形成固定的饮食、睡眠等各种生活习惯。因此，在这一阶段及时科学地添加辅食，有利于宝宝建立良好的生活习惯，使宝宝终身受益。

开启宝宝的智力。研究表明，利用宝宝眼、耳、鼻、舌，身的视、听、嗅、味、触等感觉给予宝宝多种刺激，可以丰富他的经验，达到启迪智力的目的。添加辅食恰恰可以调动宝宝的多种感觉器官，达到启智的目的。

何时为宝宝添加辅食比较好

一般来说，宝宝在4～6个月时就可以开始添加辅食。但是4～6个月只是大概的时间段，究竟是从第4个月就开始添加，还是等到第6个月时再添加，应根据宝宝和妈妈的具体情况来决定。

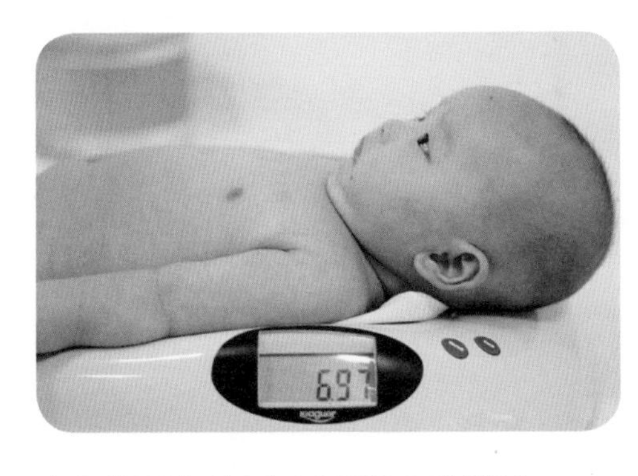

体重

当宝宝的体重已经达到出生时体重的2倍时，就可以考虑添加辅食了。例如，出生时体重为3.5千克的宝宝，当其体重达到7千克时，就应该添加辅食了。如果出生体重较轻，在2.5千克以下，则应在体重达到6千克以后再开始添加。

奶量

如果每天喂奶的次数多达8～10次，或吃配方奶的宝宝每天的吃奶量超过1000毫升，则需要添加辅食。

发育情况

体格发育方面，宝宝能扶着坐，俯卧时能抬头、挺胸、用两肘支持身体重

量；在感觉发育方面，宝宝开始有目的地将手或玩具放入口内来探索物体的形状及质地。这些情况表明宝宝已经有接受辅食的能力了。

特殊动作

匙触及口唇时，宝宝表现出吸吮动作，并将食物向后送、吞咽下去。当宝宝触及食物或触及喂食者的手时，露出笑容并张口。

添加辅食的原则

每个宝宝的发育程度不同，每个家庭的饮食习惯也有差异，所以，为宝宝添加辅食的品种、数量也可以有一定的不同。但总的来说，为宝宝添加辅食应遵循以下原则。

由稀到稠，由细到粗

为适应宝宝的咀嚼能力，刚开始添加辅食时，食物可以稀薄一些，使宝宝容易咀嚼、吞咽、消化。待宝宝适应之后，再逐渐改变质地，从流质到半流质、糊状、半固体，再到固体。例如，先添米汤，然后添稀粥、稠粥，直至软饭；先给菜泥，然后给碎菜或煮熟的蔬菜粒。

由少到多

最初开始添加辅食只是让宝宝有一个学习和适应的过程，吃多吃少对宝宝并不重要，因此不要硬性规定宝宝一次必须吃多少。在宝宝完全适应一种辅食之后，再逐渐增加进食量。

由一种到多种

添加以前未吃过的新辅食时，每次只能加一种，5~7天后再试着添加另一种，逐步扩大品种。有时候宝宝可能不喜欢新添加的食物，会把食物吐出来，这时妈妈要有耐心，可以反复地让宝宝尝试，但不要强迫宝宝吃。

添加辅食的顺序

给宝宝添加辅食，应先单一食物后混合食物，先流质食物后固体食物，先谷类、水果、蔬菜，后鱼、肉。千万不能在刚开始添加辅食时，就给宝宝吃鱼、肉等不容易消化的食物。要按不同月龄，添加适宜的辅食品种。下表列出了推荐添加辅食的顺序及其供给的营养素。

月龄	添加的辅食品种	供给的营养素
4～6	米粉糊、麦粉糊、粥等	能量（训练吞咽能力）
	蛋黄、肝泥、奶类、大豆蛋白粉、豆腐花或嫩豆腐	蛋白质、铁、锌、钙、B族维生素
	叶菜汁（先）、果汁（后）、叶菜泥、水果泥	维生素C、矿物质、纤维素
	鱼肝油（户外活动）	维生素A、维生素D
7～9	稀粥、烂饭、饼干、面包	能量（训练咀嚼能力）
	无刺鱼泥、蛋黄、肝泥、动物血、碎肉末、较大月龄婴儿奶粉或全脂牛奶、大豆制品	蛋白质、铁、锌、钙、B族维生素
	蔬菜泥、水果泥	维生素C、矿物质、纤维素
	鱼肝油（户外活动）	维生素A、维生素D
10～12	稀粥、烂饭、饼干、面条、面包、馒头等	能量
	无刺鱼泥、蛋黄、肝泥、动物血、碎肉末、较大月龄婴儿粉或全脂牛奶、黄豆制品	蛋白质、铁、锌、钙、B族维生素
	鱼肝油（户外活动）	维生素A、维生素D

母乳与辅食如何搭配

开始给宝宝添加辅食时，应注意母乳和辅食的合理搭配。有的妈妈生怕宝宝营养不足，影响生长，早早开始添加辅食，而且品种多样、喂得也比较多，结果使宝宝积食不消化，连母乳都拒绝了，这样反而会影响宝宝的生长。添加辅食最好采用以下步骤。

开始时

先给宝宝添稀释的牛奶（鲜奶或奶粉），上午和下午各添半奶瓶即可，或者只在晚上入睡前添半瓶牛奶，其余时间仍用母乳喂养。如宝宝吃不完半瓶，可适当减少。

4～6个月后

可在晚上入睡前喂小半碗稀一些的掺牛奶的米粉糊，或掺1/2个蛋黄的米粉糊，这样可使宝宝一整个晚上不再饥饿醒来，尿也会适当减少，有助于母子休息安睡。但初喂米粉糊时，要注意观察宝宝是否有吃米粉糊后较长时间不思母乳的现象，如果有，可适当减少米粉糊的喂量或稠度，不要让它影响了宝宝对母乳的摄入。

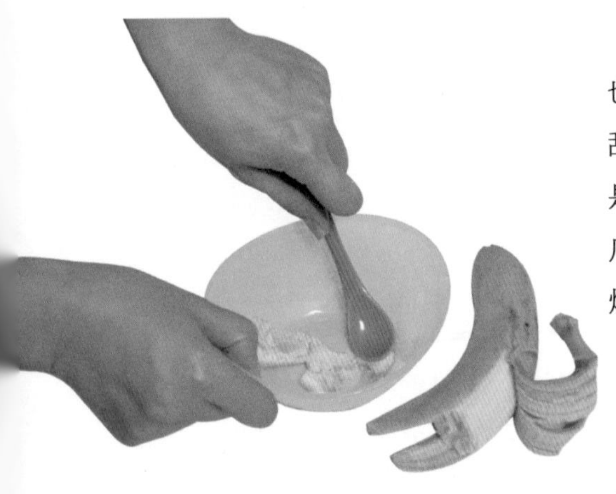

8个月后

可在米粉糊中加少许菜汁、1/2个蛋黄，也可在两次喂奶的中间喂一些苹果泥（用匙刮出即可）、西瓜汁、一小段香蕉等，尤其是当宝宝吃了牛奶后有大便干燥现象时，西瓜汁、香蕉、苹果泥、菜汁都有缓解大便干燥的功效，同时也可补充新鲜维生素。

10个月后

可增加一次米粉糊，并可在米粉糊中加入一些碎肉末、鱼肉末、胡萝卜泥等，也可适当喂小半碗面条。牛奶上午、下午可各喂一奶瓶，此时的母乳营养已渐渐不足，可适当减少几次母乳喂养（如上午、下午各减一次），以后随月龄的增加逐渐减少母乳喂养次数，以便宝宝逐渐过渡到可完全摄取自然食物。

添加辅食的注意事项

给宝宝添加辅食除应遵守上述原则外，还应注意以下事项。

遇到宝宝不适要立刻停止

宝宝吃了新添的食品后，如出现腹泻，或便里有较多黏液的情况，要立即暂停添加该食品。在宝宝生病身体不适时，也应停止添加辅食，等宝宝恢复正常后再重新少量添加。

吃流质或泥状食品的时间不宜过长

不能长时间给宝宝吃流质或泥状的食品，这样会使宝宝错过训练咀嚼能力的关键期，可能导致宝宝在咀嚼食物方面产生障碍。

不能很快让辅食替代乳类

6个月以内，主要食品应该以母乳或配方奶粉为主，将其他食品作为一种补充食品。

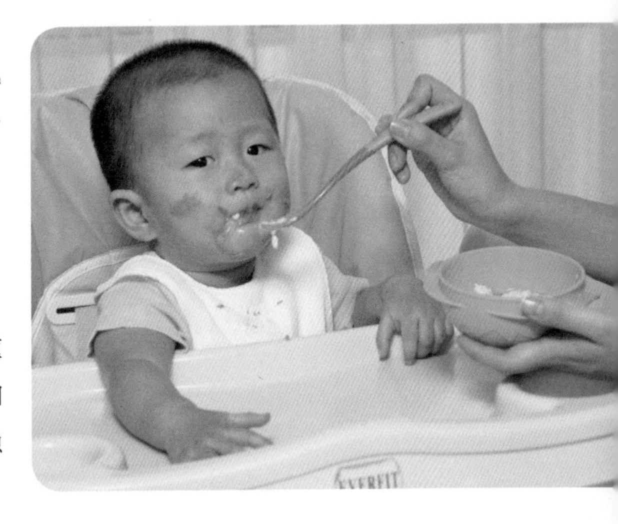

添加的辅食要鲜嫩、卫生、口味好

给宝宝制作食物时，不要只注重营养而忽视了口味，这样不仅会影响宝宝的味觉发育，为日后挑食埋下隐患，还可能使宝宝对辅食产生排斥，影响营养的摄取。

培养宝宝进食的愉快心理

给宝宝喂辅食时，首先要营造一个快乐和谐的进食环境，最好选在宝宝心情愉快和清醒的时候喂食。宝宝表示不愿吃时，千万不可强迫宝宝进食。

添加辅食的禁忌

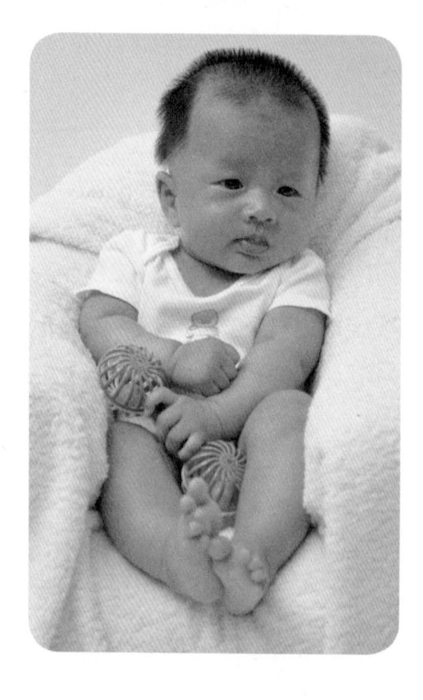

忌过早

有些妈妈认识到辅食的重要性，认为越早添加辅食越好，可防止宝宝营养缺失。于是宝宝刚刚两三个月就开始添加辅食。殊不知，过早添加辅食会增加宝宝消化功能的负担。因为宝宝的消化器官很娇嫩，消化腺不发达，分泌功能差，许多消化酶尚未形成，不具备消化辅食的功能。而且，消化不了的食物会滞留在腹中“发酵”，造成宝宝腹胀、便秘、厌食，也可能因为肠蠕动增加，使大便量和次数增加，从而导致腹泻。因此，4个月以内的宝宝忌添加辅食。

忌过晚

过晚添加辅食也不利于宝宝的生长发育。4~6个月的宝宝对营养、能量的需求大大增加了，只吃母乳或牛奶、奶粉已不能满足其生长发育的需要。而且，宝宝的消化器官逐渐健全，味觉器官也发育了，已具备添加辅食的条件。同时，4~6个月后是宝宝的咀嚼、吞咽功能以及味觉发育的关键时期，延迟添加辅食，会使宝宝的咀嚼功能发育迟缓或咀嚼功能低下。另外，此时宝宝从母体中获得的免疫力已基本消耗殆尽，而自身的抵抗力正需要通过增加营养来产生，若不及时添加辅食，宝宝不仅生长发育受到影响，还会因缺乏抵抗力而导致疾病。

忌过滥

宝宝开始进食辅食后，妈妈不要操之过急，不顾食物的种类和量，任意给宝宝添加，或者宝宝要吃什么给什么，想吃多少给多少。宝宝的消化器官毕竟还很柔嫩，有些食物根本消化不了。顺其发展，一来会造成宝宝消化不良，再者会造成营养不平衡，并养成宝宝偏食、挑食等不良饮食习惯。

忌过细

有些妈妈担心宝宝的消化能力弱，给宝宝吃的都是精细的辅食。这会使宝宝的咀嚼功能得不到应有的训练，不利于其牙齿的萌出和萌出后牙齿的排列；另外，食物未经咀嚼也不会产生味觉，这样既不利于味觉的发育，也难以勾起宝宝的食欲，面颊发育同样受影响。长期下去，不但影响宝宝的生长发育，还会影响宝宝的容貌。

宝宝需要的营养素及摄入量

宝宝每天营养素的需要量与成人不同，同时婴儿体内营养素的储备量相对较少，适应能力较差。一旦某些营养素摄入不足或过量，就会造成消化功能紊乱，短时间内可明显影响发育的进程。

热量

以单位体重表示，正常新生儿每天所需要的能量是成人的3～4倍，正常婴儿初生时需要的热量为每日每千克体重100～120千卡，而成人为每千克体重

30～40千卡。这么高的热量需要在初生时达到最高点，以后随月龄的增加逐渐减少，在1岁左右时为80～100千卡。

蛋白质

用于维持宝宝新陈代谢、身体的生长及各种组织器官的成熟。婴幼儿时期的宝宝对蛋白质要求不仅有量的要求，对质的要求也很高。母乳可以为新生儿提供高生物价的蛋白质，由于牛奶、奶粉等奶制品中蛋白质的质量低于母乳，所以，人工喂养的宝宝蛋白质的需要量高于母乳喂养的宝宝。母乳喂养时蛋白质需要量为每日每千克体重2克；牛奶喂养时为3.5克；主要以大豆及谷类蛋白供给时则为4克。

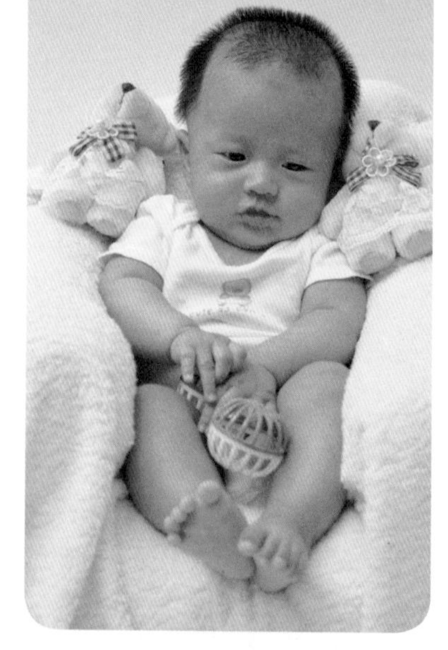

脂肪

宝宝需要各种脂肪酸和脂类，初生时脂肪占总热量的45%，随月龄的增加，逐渐减少到占总热量的30%～40%。婴儿神经系统的发育需要必需脂肪酸的参与，所以必需脂肪酸提供的热量不应低于总热量的1%～3%。

碳水化合物

宝宝需要碳水化合物，母乳喂养时，其热量供给一半来自碳水化合物。新生儿除淀粉外，对其他糖类（乳糖、葡萄糖、蔗糖）都能消化。由于乳糖酶的活性比成人高，所以对奶中所含的乳糖能很好地消化吸收。婴儿到4个月左右，就能较好地消化淀粉食品。婴儿期碳水化合物占总热量的50%～55%为宜。

矿物质

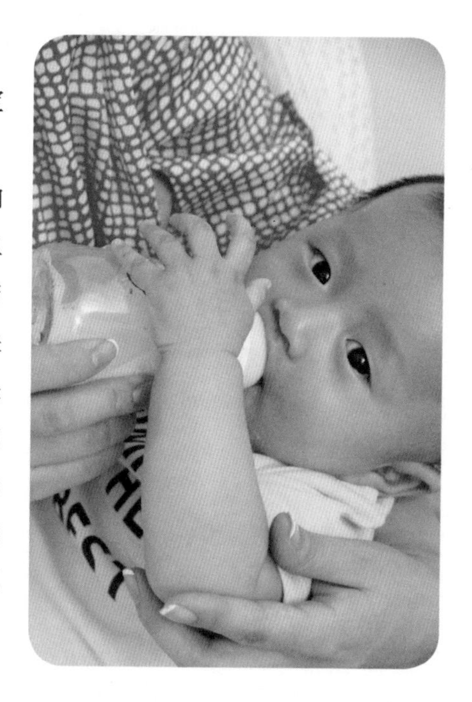

人体所需矿物质种类很多，宝宝营养方面最重要的矿物质有钙、磷、碘、锌等。4个月以前的宝宝应限制钠的摄入以免增加肾负荷并诱发成年高血压。宝宝出生时体内的铁储存量大致与出生体重成比例。足月儿平均身体的铁储存可满足4～6个月的需要。铁缺乏是宝宝最常见的营养缺乏症。尽管母乳的含铁量低于大多数配方食品，但是，母乳喂养儿的铁缺乏较少见。为了预防铁缺乏，应给用配方食品喂养的宝宝常规地补充铁剂。

维生素

维生素是维持生命、保证健康、促进生长、增强身体抵抗力、调节生理机能等不可缺少的营养素。对母乳喂养的宝宝，除维生素D供给量低外，正常母乳含有宝宝所需的各种维生素。1岁以内宝宝维生素A的供给量为每天200微克。维生素B_2、维生素B_2和烟酸的量是随热能供给量而变化的，每摄取1000千卡热能，供给维生素B_1和维生素B_2为0.5毫克，烟酸的供给量为其10倍，即5毫克/1000千卡。1岁以内宝宝每天摄入维生素D10微克，但它的摄入量随日照的多少而有所不同。

水

水在人体内的重要作用并不次于蛋白质及其他营养素。宝宝须每日定时饮水、喝汤，以便从中摄取大量的水分。正常宝宝对水的每日绝对需要量为每千克体重75～100毫升。可是，由于宝宝从肾、肺和皮肤丢失水较多，以及代谢率较高，与较大的儿童和成人相比，宝宝易发生脱水，失水的后果也较成人严重。因此，建议每日每千克体重供给水150毫升。

为宝宝制订膳食计划

婴幼儿的膳食计划，是指根据每天应选择的食物和每种食物摄取量来确定婴幼儿每天对营养素需要所制订的计划。根据婴幼儿的年龄、营养需求、咀嚼和消化能力的不同，一般将0～6岁婴幼儿膳食计划分成3组，即0～12个月、1～3岁、4～6岁。

在选择食物时，可将每日必须供给婴幼儿的食物种类分成3种。

以供给蛋白质为主的食物，对婴幼儿生长发育十分重要，年龄越小，需要的优质蛋白质比例越大。含优质蛋白质的食物主要有牛奶、蛋类、瘦肉类、肝脏、血、大豆与大豆制品等食品。

以供应维生素C（抗坏血酸）、胡萝卜素和矿物质为主的蔬菜和水果。其中，胡萝卜、柿子椒、油菜、芹菜、菠菜、青口小白菜等蔬菜含胡萝卜素很高，是幼儿膳食中维生素A的主要来源。而白菜、萝卜、菜花、卷心菜等蔬菜含有一定量的维生素C、矿物质。一般水果的营养成分与浅色蔬菜近似。但某些水果，如枣类、山楂、柑、橘、柚子、草莓等，含维生素C极其丰富。水果的色、香、味能刺激婴幼儿的食欲。在条件允许的情况下，幼儿膳食中应安排水果；否则，可用蔬菜代替。

以供给热能为主的谷类、油脂和蔗糖。谷类供给幼儿所需热能在50%～60%，蛋白质总量的1/3以上；它们还是维生素B_1、烟酸的主要来源。维生素和无机盐分布在谷胚和表皮中最多。为提高营养价值，应少选用精米、富强粉，注意粗、细粮搭配食用。不宜过多食用糖，如食用过多而又不注意养成随时漱口的卫生习惯，则有可能导致龋齿。

帮宝宝养成良好的饮食习惯

养成定时定量的饮食习惯

宝宝吃饭前应做好准备，如收玩具、如厕、洗手、休息片刻，可避免宝宝感到突然而拒食。

爸爸妈妈要尽量做到吃饭的时间一到，全家人一同在餐桌上用餐的习惯，并规定宝宝须吃完自己的那一份餐，如果宝宝不吃完，就算他等一下饿了，也不要再给他任何零食，久而久之，宝宝便会养成定时、定量的习惯。

让宝宝爱上吃饭

旺盛的食欲是促进消化吸收的重要因素，而良好的饮食习惯是保证合理营养的必要条件。爸爸妈妈可以试试下面这些办法，让宝宝爱上吃饭。

在宝宝吃饭时，加入一些轻松、活泼的语气，让吃饭不再只是吃饭而已，将吃饭时刻与方式变成有趣的事情。

进餐时让宝宝保持精神愉快，不责骂宝宝。

鼓励宝宝吃多样食物，不挑食、不偏食、不贪食，少吃零食，保持正餐有旺盛的食欲。爸爸妈妈用简单的语言介绍餐桌上食物的有关知识，既可增长知识又促进宝宝食欲。要保证宝宝有旺盛食欲，必须让他游戏好、休息好、睡眠好和定时。在饮食均衡的条件下，父母可以多种类的食物取代平日所吃的米饭、面条。例如，有时以马铃薯当主菜，再配上一些蔬菜，也能享受一顿既营养又丰盛的餐点。

宝宝模仿性强，爸爸妈妈要以身作则，

并以旺盛的食欲影响宝宝吃好正餐，吃饭时要避免大声说笑，以免宝宝呛食。

爸爸妈妈可以让宝宝参与做饭的过程。例如，上市场买菜、帮忙提回家、一起清洗水果等，甚至可询问宝宝的意见，让宝宝协助妈妈一起做饭，这样宝宝不但有参与感，同时也能因此了解做菜的步骤。

当宝宝肚子不饿时，父母不要一味地强迫宝宝进食，这样反而会造成宝宝对吃饭的排斥，试着促进宝宝的食欲，如增加他的活动量，宝宝的肚子真正感到饿了，自然不会抗拒吃饭。另外，选购宝宝喜爱的餐具，宝宝都喜欢拥有属于自己独有的东西，替宝宝买一些图案可爱的餐具，可提高宝宝用餐的欲望，如能与宝宝一起选购更能达到好效果。

宝宝吃饭不宜过快

宝宝吃饭不宜过快，因为宝宝的牙齿还未全部长齐，胃肠道消化能力较弱，如果在吃饭时粗嚼快吞，食物在口腔内还没嚼碎拌匀就进入胃肠，会引起消化不良，也容易使食物呛入呼吸道，引起咳嗽、呕吐，甚至造成窒息。另外，宝宝为了吃得快，往往光吃饭不吃菜，影响营养的全面吸收。还有，因为吃得快，饭粒会撒得满桌都是，很是浪费。

由于许多爸爸妈妈在自己赶着去上班或是工作忙碌的时候，便会不自觉地要求宝宝吃快一点，如此便会使宝宝对吃饭这件事产生不愉快的心理，因而排斥吃饭。

父母不可采用利诱的方式，父母如果以利诱的方式叫宝宝吃饭，久而久之，便会让宝宝以吃饭这件事当做交换条件。

爸爸妈妈本身应养成正确的饮食习惯，“言传不如身教”。小孩子的模仿能力极强，如果大人本身的饮食习惯不好，或者常常随便以零食果腹，自然没有理由去要求宝宝遵守定时吃饭习惯。

如果宝宝长期快速吃饭，还会引起食欲减退，甚至造成肠胃炎等疾病。

合理安排宝宝的零食和加餐

爸爸妈妈要合理安排宝宝的零食与加餐，在4～5岁的孩子中，吃饱饭后，在吃下顿饭前完全不吃零食的宝宝是很少的，一般的宝宝都要吃点零食，而且比吃正餐还高兴。为了让宝宝高兴一个劲地给他吃零食是不好的，这样主食摄入就会减少，宝宝的营养就会不足或者会成为肥胖儿。宝宝加餐最好定时定量，一般宜安排在两顿饭之间，睡前也可给喝点酸奶或吃些水果，但最好不要吃点心。

不可放任宝宝边吃边玩，宝宝边吃边玩的结果是延长吃饭的时间，等吃下一顿餐的时刻到了，宝宝却不饿，当然就不肯乖乖地坐下来吃饭了。

此外，给宝宝食用甜食要注意：进食大量的甜食可能引起一些疾病，如软骨病、脚气病、慢性消化不良和性情暴躁等，严重的还可能引发免疫系统疾病。特别是宝宝感冒、发热时，正是机体调动免疫系统和疾病抗争的关键时期，此时给宝宝吃甜食无疑等于雪上加霜。

让宝宝爱上蔬菜讲方法

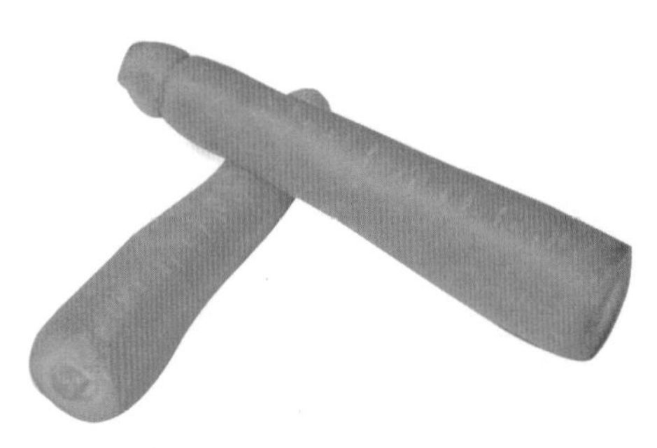

对于不爱吃蔬菜的宝宝，爸爸妈妈可将蔬菜混合到其他食物中，比如，将菠菜剁碎夹入带肉的面包里，将胡萝卜切碎混入马铃薯沙拉中，将南瓜弄碎夹入汉堡包中，将豌豆混入金枪鱼沙拉，生菜和番茄放入三明治里，或是将花椰菜混入意大利面的酱汁中。只要将蔬菜很好地处理或剁碎，它们就可以融入其他食物之中而不易被察觉。同时，也可给宝宝吃低糖的南瓜松饼或胡萝卜松饼，或是其他以蔬菜为原材料的零食或小吃。

要想让宝宝喜欢吃胡萝卜，建议试试以下这些方法：对宝宝进行直观教育，例如，带他去看小兔子，或给他看图画书，让他注意观察，看看兔子是怎样吃胡萝卜的。如果条件允许的话，在吃饭时可给他戴上兔子头饰，对他说："你是小兔子吗？赶快吃胡萝卜吧。"还可以让他玩给小兔子喂胡萝卜的游戏，让他对长毛绒兔子说："我是兔妈妈，给你送好吃的来了。"当宝宝肯吃胡萝卜时要及时予以鼓励。另外，还可以给宝宝说说胡萝卜有哪些营养，宝宝为什么要吃胡萝卜等。

尽量别给宝宝吃油炸食品

在给宝宝吃油炸食品时，爸爸妈妈一定要慎重，这是因为：

油的沸点比水高得多，因此高温油炸食物，会使食物中的维生素B_1几乎被破坏，维生素B_2损失将近一半，不利于宝宝的身体对食物营养素的摄取与利用。

油炸食物大多含水分少，偏硬，甚至不容易咀嚼，而宝宝胃肠道的消化能力弱，难以消化吸收。

炸食物用的油，反复应用，甚至发黑变质，会产生对身体有害的物质，对成人都不利。因此，宝宝不宜吃油炸食物，而要吃多运用蒸、煮的方法制作的食物。

适合宝宝吃的鱼

适合宝宝吃的鱼，应首选海鱼，如罗非鱼、银鱼、鳕鱼、青鱼、黄花鱼、比目鱼等。这些鱼肉中鱼刺较大，几乎没有小刺。吃带鱼时去掉两侧的刺，只剩中间与脊椎骨相连的大刺，给宝宝吃也较安全。

如果吃鲈鱼、鲫鱼、鲢鱼、鲤鱼、武昌鱼等，最好给宝宝选择没有小刺的腹肉。

宝宝不宜多吃的肉食

羊肉串：爸爸妈妈不能让宝宝多吃羊肉串。因为羊肉串等烧烤、烟熏食品在其熏烤过程中会产生强致癌物，危害大，宝宝常吃或多吃这些食品，致癌物质会在体内积蓄。

肥肉：肥肉含脂肪很高，脂肪是体内重要的供热物质，所供的热能约占总数的35%。脂肪含有利于脂溶性维生素的吸收，为宝宝的生长发育所必需，但是长期过量食用肥肉，对宝宝生长发育很不利。

鱼片干：鱼片干味美，宝宝常吃会伤牙齿，这是因为鱼片干虽然味道鲜美，但常吃鱼片干的宝宝牙齿容易变得粗糙无光泽，牙面出现斑点、条纹，牙齿泛黄色。研究表明，这是慢性氟中毒引起的氟斑牙，原因是鱼片干吃得太多造成的。

宝宝吃面食的注意事项

面条越细，含盐量越高，所以在煮面时要多煮一下，煮面的水不要再使用或作为面汤；调味时也应注意减少调味料的使用。

蛋糕、饼干在制作时，会用较多的糖及奶油，所以热量及含油量较高，要酌量食用。

宝宝在进餐前应先洗手，因为许多面食类食物适合用手抓食。

宝宝食物的烹调

宝宝食物的烹调原则

给宝宝烹调食物时，应遵循以下两个原则：首先，应适合宝宝的咀嚼和消化能力。如1～2岁的宝宝，应该采用粮、菜、肉混合在一起食用的方式，这种方式有利于宝宝自己进食；3岁以内的宝宝，食物要细而软，不宜用刺激性的调味品，以清淡为宜；3岁以上宝宝，食物的烹调方法可以采用逐渐接近成人食物的方法，但应避免食用过多的刺激性调味品和油炸食物。其次，宝宝不宜食用生硬、粗糙、过于油腻的食物。切记不要食用熔点高的牛脂、羊脂及油炸食品，因其不易于消化。

如何选择烹饪原料

年轻的父母由于缺少生活经验，往往在选购烹饪原料时，分不清好坏。在这里就猪肉举例说明一下，牛、羊等肉的分档部位与猪肉分档大体一致。

头尾部分：包括猪舌、猪耳、猪头、猪脑和猪尾。上述部分是卤、酱、熏、炖类菜肴的好原料。

前腿部分：适于卤酱和做馅；肩颈肉的特点有肥有瘦，瘦中夹肥，常用于熘和炒类菜肴；夹心肉，俗称鬼脸肉，如果连皮和前蹄膀一道取下，又称为前肘子，适合扒和焖；前蹄膀，又叫前腱子，适合烧、扒等类菜；前蹄，俗称前脚爪，可以白煮和卤酱。

腹肋部分：包括通脊，位于脊椎骨外面和脊椎骨平行的一块肉，色白细嫩，适于滑熘，锅塌等菜肴；里脊，为猪身上最细嫩的瘦肉，适于干炸、软炸、炒、焦熘；五花，又称肋条肉，位于肋条骨下的板状肉，因肥瘦兼有，适于炖、红烧、扒、过油和白煮；腰窝，位于里脊下部，上面有板油，中间夹着腰子，故名腰窝，肥瘦相连，可以做炖肉、焖肉；奶脯，俗称肚囊肉，因多泡状组织又无瘦肉，各类菜肴不用，常用作丸子，其特点是香而不化。

后腿部：包括臀尖头，此部分肉质较老，丝缕较长，适于回锅肉；紫盖，此部分是一块瘦肉，肉质较为细嫩，常代里脊肉使用；弹子肉，位于髋骨下部，后蹄膀的上部，因质地细嫩，适于熘炒；黄瓜条，因形如黄瓜而得名，此部分肉质紧，适于炒、烧和切丝；后蹄膀，又称后肘子，适于红烧。

如何泡发干货

干货一般包括山珍、海味、菌藻、竹笋等脱水干制品。干货不经泡发加工不能食用。

干货泡发的方法一般分为：水发、油发。其中水发又分为冷水浸发、热水泡发、蒸发、煮焖发等。

冷水浸发是把干料放在冷水中浸泡相当时间，使其吸水，胀大回软。此法适用于体小质嫩带有香味的干料，如燕窝、银耳、木耳、黄花、香菇、海蜇等干货。

热水泡发是将干料没入沸水或温水中浸泡一定时间，使其胀发。此法适用于体小、质硬或带有异味的干料，如口蘑、发芽、猴头、竹笋、玉兰片、海带等干货。

蒸发是把干料放在容器里上笼蒸，利用蒸气使其胀发。此法一般适用于易

散易化和费火并带有鲜味的小型原料，如鱼骨、干贝、大虾干、蟹肉等。

煮焖发是把干货用火加热煮沸，然后改用微火，盖紧锅盖，使其胀发。此方法适于质地坚硬、厚大和带有浓重腥味的原料，如鱼翅、海参、鱼唇、熊掌、蹄筋、乌鱼蛋等。

油发是把干料放入油锅内，经过慢火加热，炸一定时间，使其膨胀松脆。为了节约用油，可用食盐代替。方法是把干料放入盐锅内，经过加热翻炒就能达到油发效果。此法一般适用于弹性强、含胶质多和含油分的干料，如鱼肚、蹄筋、肉皮等。

怎样对原料进行初步热处理

出水：是把已经初步加工的原料，放在锅内用水初步加热至半熟或刚熟的状态。有冷水锅出水和沸水锅出水。冷水锅出水适用于根茎类蔬菜和血污腥膻味重的肉或脏类原料。沸水锅出水，适用于体积小，含水量多的鲜嫩蔬菜和血污腥膻气味较轻的肉类原料。沸水锅里水加热时间不宜过长。

过油：将原料投入油锅中过一过，可分为滑油和走油两大类。滑油的原料多半是丁、条、丝、片、块等小型料。走油的原料都是大型块料，如方肉、肘子等。走油时先将原料放入汤锅，煮至能用筷子戳破肉皮时捞出，控干水分或用洁布揩干水分，趁热投入热油锅中，盖紧锅盖炸透出锅。走油应使用多油量的旺油锅，但下锅后火力要适当改小，避免焦而不透。如需使肉上生皱纹时，需取出后立即放在冷水中浸一浸，即能产生皱纹。

常用的几种火候

旺火：又称大火、武火。适合炸、爆、汆、涮、烹、蒸等方法。

温火：又称文火。适合煎、贴等烹调方法。

微火：又叫小火。适合炖、煨等。

常用的烹调方法

炸：把加工好的原料投入旺火热锅中炸熟后即成菜肴的烹调方法。有清炸、干炸、软炸、松炸等。

清炸：只用盐、酱油等调料喂制后，即可炸。

干炸：喂制后要拍上干淀粉或抹水粉糊再炸。

软炸：挂软糊，即水粉糊加鸡蛋。

松炸：挂蛋泡糊，即蛋清打成泡沫再拌少许淀粉。

熘：将原料先经过断生，然后用调味芡汁熘制的烹调方法。有滑熘、软熘

和炸熘。

爆：先将主料过油，然后用急火将芡汁、清汁或酱汁勾芡，并包住主料的一种烹调方法。

炒：将原料投入热油锅内搅拌至熟的烹调方法。分煸炒、滑炒（用蛋清、淀粉上浆）和抓炒（用淀粉或蛋清抓匀，热油炸成金黄色，另起锅用葱、姜、蒜炝锅，加入调料成芡汁，投入主料炒）。

煎：把原料放在盛有少量热油的锅里用温火一面一面弄熟的烹调方法，有干煎和挂糊煎。

贴：用两种以上无骨、鲜嫩的原料相贴在一起，用少量的油把两面均煎成金黄。用温火将原料成浓汁的烹调方法。

烧：先加油少许，用旺火将油烧热，将原料下锅爆炒，进行断生，然后再添好汤汁，移在微火上焖透或焖酥，再放在旺火上稠浓汤汁的烹调方法。一般汤汁收浓再用淀粉勾芡，这种烧法叫红烧，而汤汁收干叫干烧。

汆：以水传热快速制汤菜。

涮：指用沸水将原料烫熟的一种烹调方法。

烩：将各种生熟原料混合在一起，加汤和调味品以旺火制成汤菜的烹调方法，可炝锅也可不炝锅。

煨：煨的火力稍小，煨制的时间也较长，即用微火慢慢地炖熟叫煨。

怎样储存食物

米面：米面及其他粮食要放在严密的容器内，置于干燥通风的地方，要经常翻晒，防止虫吃鼠咬。

鱼肉：新买来的鱼肉，如当天吃不完，应冷藏保存（要取出内脏）。

剩饭、剩菜：剩饭、剩菜应置于通风的橱柜内或加罩保存。如需放冰箱保存，则应等饭菜冷却后再放入。最好不要给宝宝食用剩菜，因为剩菜中含有不同程度的亚硝酸盐，对宝宝身体不利。

第2章

4~6个月宝宝辅食

母乳是宝宝最理想的食品，但随着宝宝的逐渐长大，只喂母乳难以满足生长的需要。因此，应从宝宝4~6个月开始，根据其发育和身体状况，逐步添加辅食，这是喂养宝宝必不可少的环节。

苹果泥

原料

苹果100克，凉开水适量。

做法一：

将苹果洗净、去皮，然后用刮子或匙慢慢刮成泥状即可喂食。

做法二：

将苹果洗净，去皮，切成黄豆大小的碎丁，加入凉开水适量，上笼蒸20～30分钟，压碎，待稍凉后即可喂食。

营养便利贴

苹果含有丰富的矿物质和多种维生素。宝宝吃苹果泥可补充钙、磷，预防佝偻病，还具有健脾胃、补气血的功效，对缺铁性贫血有较好的防治作用，对脾虚消化不良的宝宝也较为适宜。

黄瓜汁

原料

黄瓜1/2根。

做法

1.将黄瓜去皮，擦成丝。

2.用干净纱布包住黄瓜丝挤出汁来。也可用榨汁机榨。

营养便利贴

黄瓜含有丰富的维生素、水分，以及多种对人体有益的矿物质，不仅有助于宝宝营养的全面补充，还可有效促进宝宝大脑的发育。

巧手厨房

不要使用洗涤剂清洗黄瓜，洗涤剂本身含有的化学成分容易残留在黄瓜上，对宝宝不利。可以用盐水清洗。

猕猴桃饮

原料

猕猴桃1/2个，水20毫升。

做法

将熟透的猕猴桃剥皮、切碎，放入小碗，用勺碾碎，倒入过滤漏勺中，挤出汁，加水拌匀。

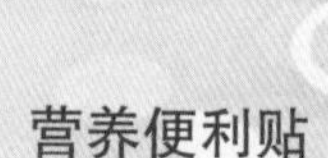

营养便利贴

猕猴桃含有多种维生素、氨基酸及锌、铁、铜等微量元素，并含有大量的果胶，而且热量低，很适合宝宝食用。多吃猕猴桃还可以预防宝宝铅超标。容易便秘的宝宝喝点儿猕猴桃汁可以缓解便秘。

香蕉泥

原料

熟透的香蕉1根，柠檬汁少许。

做法

1.将香蕉剥皮、去白丝。

2.把香蕉切成小块，放入搅拌机中，滴几滴柠檬汁，搅成均匀的香蕉泥，倒入小碗即可。

营养便利贴

含丰富的糖类、蛋白质，还含有丰富的维生素及微量元素等。具有润肠、通便的作用，对宝宝便秘有辅助治疗作用。

“芝宝贝”喂养经

要给宝宝吃熟透的香蕉，因为生香蕉的涩味来自于香蕉含有的大量鞣酸。鞣酸具有非常强的收敛作用，可以导致便秘。香蕉破损的地方极易繁殖细菌，因此给宝宝食用的香蕉应挑选完好无损的。

燕麦粥

原料

燕麦片1/2杯，开水500毫升，婴儿配方奶粉适量。

做法

1.把燕麦片慢慢地倒入开水锅中，盖上盖煮10分钟。

2.加入婴儿配方奶粉，搅拌成稠度适宜的麦片粥。

营养便利贴

燕麦片中含有较丰富的钙、磷、铁、锌和膳食纤维，有促进宝宝骨骼生长、预防贫血、提升皮肤的屏障功能和软化大便的作用。和配方奶搭配，可保证营养的全面性，有利于宝宝的生长需要。

“芝宝贝”喂养经

宝宝刚开始吃固体食物时，可以先将粥做得稀一些，当宝宝对新的口感适应后，再适当增加食物的黏稠度。

豆腐泥

原料

豆腐50克，肉汤适量。

做法

1.将豆腐放入锅内，加入少量肉汤，边煮边用勺子研碎。

2.煮好后放入碗内，研至光滑即可喂食。

巧手厨房

煮的时间要适度，蛋白质如果凝固不易消化。

营养便利贴

豆腐蛋白质含量丰富，质地优良，既易于消化吸收，又能促进宝宝生长。豆腐还含有多种维生素、钙、镁、糖类等。

花豆腐

原料

豆腐50克，青菜叶10克，熟鸡蛋黄1/2个，淀粉10克。

做法

1.将豆腐煮一下，放入碗内研碎，青菜叶洗净，用开水烫一下，切碎放入碗内，加入淀粉搅拌均匀。

2.将豆腐做成方块形，再把蛋黄研碎撒一层在豆腐表面，放入蒸锅内用旺火蒸10分钟，即可喂食。

营养便利贴

美观可口，含丰富的营养，易于吸收，价廉物美。蛋黄含丰富的铁质，对宝宝极为有益。

米粉粥

原料

牛奶200克，米粉50克。

做法

将牛奶放入一小锅内，待牛奶刚要开时放入米粉，边放边搅。把火关小，盖上锅盖，用文火煮8~10分钟。

营养便利贴

此粥黏稠、香甜，含有宝宝所需的蛋白质、脂肪、糖类、钙、磷、铁、锌及维生素A、维生素D等多种营养素。

鸡肝泥

原料

鸡肝150克，鸡架汤适量。

做法

1.将鸡肝放入水中煮，除去血后再换水煮10分钟，取出，剥去鸡肝外皮，将鸡肝放入碗内研碎。

2.将鸡架汤放入锅内，加入研碎的鸡肝，煮成糊状搅匀。

巧手厨房

鸡肝要研碎，煮成泥状喂食。依法可制猪肝泥。

营养便利贴

含丰富营养，尤以维生素A、铁含量较高，可防治贫血和维生素A缺乏症。

鱼肉泥

做法

1.将收拾干净的鱼放入开水中，煮后剥去鱼皮，除去鱼骨刺后把鱼肉研碎，然后用干净的布包起来，挤去水分。

2.将鱼肉放入锅内，加入开水，直至将鱼肉煮软即可。

原料

鱼100克，开水200毫升。

“芝宝贝”喂养经

用新鲜的鱼做原料，一定要将刺除干净，把鱼肉煮烂。

营养便利贴

软烂，味鲜。鱼肉营养价值极高，海鱼所含有的DHA有助于宝宝大脑的发育。经研究发现，宝宝经常食用鱼类，其生长发育和智力发展都比较好。

土豆泥

原料

土豆适量，植物油少许。

做法

1.土豆洗净，放入锅中用水煮熟。

2.将煮熟的土豆捞出，趁热剥去皮。

3.锅内放入植物油，待油烧热后倒入剥了皮的土豆。略加一勺开水，改用小火。用勺子将土豆压碎成泥，反复翻炒均匀，即可食用。

营养便利贴

土豆泥细腻可口，含有丰富的淀粉及糖类。宝宝再大一些，可以拌入火腿及黄油制成火腿土豆泥。

南瓜土豆泥

原料

南瓜200克，土豆100克，植物油少许。

营养便利贴

南瓜土豆泥颜色金黄，香甜适口，又沙又鲜，含有丰富的B族维生素。

做法

1.将南瓜与土豆蒸熟，取出，趁热剥去土豆皮，用筷子拨下南瓜肉。壳皮扔掉不用。

2.锅中加少量植物油，把南瓜、土豆一同下锅，用菜勺将南瓜与土豆挤压成泥，如果太干可加少量开水调和。

3.把剩下的植物油入锅，拌匀即可。

豆腐糊

原料

嫩豆腐20克，肉汤适量。

做法

将嫩豆腐放入锅内，加入少量肉汤，边煮边用勺子研碎，煮好后放入碗内，研至光滑即可喂食。

营养便利贴

此道断奶餐味美可口，蛋白质含量丰富，质地优良，既易于消化吸收，参与人体组织的构造，又能促进宝宝生长。此菜还含有较丰富的脂肪、碳水化合物、维生素B_1、维生素B_2、维生素C和钙，镁等矿物质。

胡萝卜土豆泥

原料

胡萝卜、土豆各适量，植物油少许。

做法

1.将胡萝卜、土豆蒸熟，取出后趁热剥去土豆皮。

2.锅中加入少量植物油，把胡萝卜、土豆一同下锅，边翻炒边将其挤压成泥。

营养便利贴

胡萝卜土豆泥含有丰富的维生素A、B族维生素及胡萝卜素，营养价值很高。

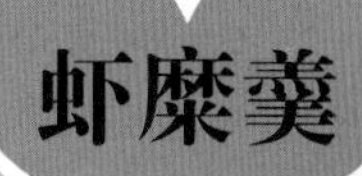

虾糜羹

原料

鲜海虾2只，植物油少许，水适量。

做法

1.把虾仁剥出来，挑出虾线，清洗干净。

2.用刀背将虾仁打成泥，放少量水，淋上植物油，上锅蒸10分钟即可。

营养便利贴

海虾含有丰富的蛋白质及钙、磷、铁、碘等矿物质，适合宝宝食用。

虾肉泥

原料

虾仁适量。

做法

1.将虾仁洗净，去虾线。

2.将虾剁成虾肉泥，或用汤匙将虾仁碾碎。

3.将虾肉泥放入笼中蒸熟即可。

营养便利贴

含钙、磷、铁及维生素，蛋白质丰富，并含有多种人体必需的氨基酸及不饱和脂肪酸。有益智功效。

鲜红薯泥

原料

红薯50克，水适量。

做法

1.将红薯洗净，去皮，切碎捣烂。

2.稍加温水，放入锅内煮15分钟左右，至烂熟。

营养便利贴

红薯含有丰富的膳食纤维、胡萝卜素、维生素、淀粉以及钾、铁、铜、硒、钙等十余种微量元素，营养价值很高。味道甜，宝宝会很爱吃，但不要让宝宝吃得太多，每次2～4勺比较合适。

第3章

7～9个月宝宝辅食

此阶段属于断奶中期，辅食类型为蠕嚼型，质地应为稍稠泥糊，如肝泥、豆腐泥、牛肉泥、米粥和烂面。这个时期的宝宝可以适当选择磨牙饼干、馒头干、面包干等可以刺激牙齿萌出的食品。此阶段仍以母乳喂养为主，以各种辅食为辅，注重辅食合理搭配，以增强宝宝抵抗力。

冰糖紫米粥

原料

紫米（黑米）适量，冰糖少许。

做法

1.将紫米洗净，倒入锅中，根据口味加入适量冰糖。

2.将紫米煮开花后，改用微火熬至紫米糯软。

营养便利贴

紫米富含赖氨酸、色氨酸、维生素B_1、维生素B_2、叶酸、蛋白质、脂肪等多种营养物质，以及铁、锌、钙、磷等人体所需矿物质。

蛋花豌豆粥

原料

大米、豌豆、鸡蛋各适量，葱花、植物油各少许。

做法

1.将大米、豌豆同时下锅熬成粥。

2.把植物油放入另一锅中，待油热后放入葱花，爆出香味即可。

3.把少许葱花放入豌豆大米粥中搅匀。

4.在锅中打一个鸡蛋，成蛋花状，再煮片刻即可。

营养便利贴

豆粒鲜甜，咸淡适口。豌豆富含蛋白质、脂肪、碳水化合物，粗纤维、胡萝卜素、维生素B_1、维生素B_2、钙、磷、钠、铁等营养素。

葡萄枣杞糯米粥

原料

糯米、大枣、枸杞子、葡萄干各适量。

做法

1.糯米洗净浸泡1小时待用，红枣洗净去核，葡萄干、枸杞子浸泡后洗净。

2.泡好的糯米加入锅中，旺火煮开转微火煮30分钟左右，加入红枣、葡萄干、枸杞子，用勺子搅拌一下，再用微火煮5分钟左右即可。

营养便利贴

葡萄干中含有多种维生素和氨基酸，铁和钙的含量也十分丰富，是体弱贫血宝宝的滋补佳品。

白芸豆粥

原料

大米、白芸豆各适量。

做法

1.将白芸豆淘洗干净，加适量水煮至软烂。

2.待豆软烂后将大米淘洗干净下锅同煮，直到白芸豆裂口、米烂再停火。

巧手厨房

如果用玉米渣与白芸豆一同煮粥，会更香甜柔软。玉米渣和白芸豆要同时下锅。多加水。先用旺火烧开，然后改用微火慢煮，煮1.5小时左右，方可食用。

营养便利贴

此粥香甜可口。有健脾胃、消胃热、清肠祛暑的功效，是夏秋季节的早晚餐佳品。白芸豆富含蛋白质、脂肪、碳水化合物、胡萝卜素、钙、磷、铁及丰富的B族维生素。如果加大米、小米同煮，可成二米芸豆粥。

银鱼菠菜粥

原料

银鱼30克，大米50克，菠菜1棵。

做法

1.大米洗净后浸泡1小时，放入锅内熬煮成粥；菠菜择洗干净，切成细末，待用。

2.银鱼洗净后，切成细末，放入粥锅煮40分钟左右，然后再放入菠菜稍煮片刻即可。

营养便利贴

银鱼富含蛋白质、脂肪、钙、磷、铁、维生素B_1、维生素B_2和烟酸等成分，具有高蛋白、低脂肪的优点，其含钙量为群鱼之冠。银鱼特别适合体质虚弱、营养不足、消化不良的宝宝食用。

南瓜块粥

原料

大米、南瓜各适量。

做法

1.将南瓜洗净，去皮、瓤，切块。

2.将大米淘洗干净。

3.锅中放入适量水，烧开后，将大米、南瓜放入。

4.烧开后用微火慢煮，煮至米烂、南瓜软烂后即可。

营养便利贴

南瓜热量低，富含维生素A、叶酸、钾。南瓜皮含有丰富的胡萝卜素和维生素，所以最好连皮食用，如果皮较硬，可以将皮削去薄薄一层再食用。

肉末菜粥

原料

大米或小米、肉末、绿叶蔬菜各适量，植物油少许。

做法

1.将米淘洗干净，放入锅内，加入水，用旺火烧开后，转微火煮透，熬成粥。

2.将绿叶蔬菜切碎，然后将油倒入锅内，下入肉末炒散，投入蔬菜炒几下，放入米粥内，再熬煮一下即可。

营养便利贴

粥稠黏，肉末香，咸淡适口，适宜9个月的宝宝食用。加入鸡肉末或鱼肉松可制成鸡肉粥及鱼肉粥。

胡萝卜甜粥

原料

大米适量，胡萝卜1根，白糖适量。

做法

1.先将胡萝卜洗净，切成细末，备用。

2.大米淘洗干净。

3.锅中水烧开后，放入大米烧开，待米煮烂，再将胡萝卜末放入锅中同煮。

4.粥煮烂后，放入白糖，锅再开后即停火。

营养便利贴

此粥香甜可口、营养丰富，富含胡萝卜素。还含有丰富的磷、钙及其他多种维生素。

“芝宝贝”喂养经

胡萝卜虽好，但宝宝不能吃得太多。胡萝卜里含有大量的胡萝卜素，如果在短时间内吃了大量的胡萝卜，那么摄入的胡萝卜素就会过多，会导致宝宝手掌、足掌和鼻尖、鼻唇沟、前额等处皮肤黄染，但无其他症状。

碎菜

原料

油菜（菠菜、白菜也可）适量，植物油少许。

做法

1.将菜洗净，切碎备用。

2.锅内加入油，热后，放入碎菜，用旺火急炒，待菜烂时即可。

此菜以绿叶菜为主，取其一种，也可几种合烹。操作时要先洗后切，旺火快炒。

营养便利贴

富含维生素、钙、铁等营养。此菜适宜7个月以上的宝宝食用。

番茄肝末

原料

猪肝、番茄、葱头各适量。

做法

1.将猪肝洗净切碎，备用。

2.将番茄用开水烫一下剥去皮切碎。

3.将葱头剥去皮，洗净切碎备用。

4.将猪肝、葱头同时放入锅内，加入水或肉汤煮，最后加入番茄。

营养便利贴

味甜咸，营养极为丰富。猪肝含有丰富的铁、磷，是造血不可缺少的原料，猪肝中富含蛋白质、卵磷脂和微量元素，有利于宝宝的智力发育和身体发育。

小白菜粥

原料

大米300克，小白菜30克。

做法

1.将小白菜洗净，放入开水锅内煮软，将其切碎，备用。

2.将大米洗净，用水泡1～2小时，放入锅内煮30～40分钟，在停火之前加入切碎的小白菜，再煮10分钟即可。

营养便利贴

黏稠适口，含有丰富的营养。小白菜富含维生素A、维生素C、B族维生素、钾、硒等营养素，可促进肠道蠕动，保持大便通畅，还能健脾利尿，促进吸收，而且有助于宝宝荨麻疹的消退。

哈密瓜饮

原料

新鲜哈密瓜1/2个，白糖少许。

做法

1.把哈密瓜洗净，去皮，去籽。

2.将哈密瓜切成小块，放入榨汁机，加水搅拌榨汁，倒出沉淀后滤渣，喝时加少许白糖。

营养便利贴

哈密瓜富含糖分，纤维素、苹果酸、果胶物质、维生素A、B族维生素、维生素C，烟酸以及钙、磷、铁等微量元素。其中铁的含量比鸡肉多3倍，比牛奶高17倍。

原料

嫩豆腐200克，菠菜叶100克，鸡汤400毫升，鸡油适量。

做法

1.将豆腐切成菱形小片，用开水烫一下，捞起沥干水待用；菠菜叶洗净切成小段，也用开水烫一下，捞起放在小盆内。

2.将鸡汤放入锅内烧开，加入豆腐，待汤沸、豆腐浮起，去掉浮沫，淋入鸡油即可。

巧手厨房

此菜的味道主要来自豆腐、菠菜本身，其次是汤（鸡汤、骨头汤等）、鸡油。如没有汤，可用水代替。若无鸡油，可用香油代替。

营养便利贴

黄绿相间，色泽鲜艳，豆腐软嫩，汤味鲜美。菠菜富含维生素A、维生素C、叶酸、维生素B_6以及镁、铁、钾等微量元素。

“芝宝贝”喂养经

很多妈妈担心菠菜中含的草酸影响宝宝体内钙的吸收，所以不给宝宝吃菠菜。其实，只要在烹饪前用开水焯2~3分钟，就可以去除草酸。

鸡肝粥

原料

鸡肝30克，大米50克。

做法

1.将大米洗净后浸泡1小时，再放到锅里煮成粥。

2.鸡肝择去筋膜，洗净，煮熟后研成泥状，再放到粥锅里继续煮至黏软即可。

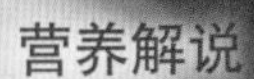

营养解说

此粥滑爽润泽，营养丰富，蛋白质含量高。鸡肝含有丰富的蛋白质、钙、磷、铁、锌、维生素A及B族维生素。肝中铁质丰富，是补血食品中最常用的食物。

丝瓜蛋花汤

原料

丝瓜200克，鸡蛋1个，鸡汤300克，植物油适量。

做法

1.将丝瓜去皮，切成菱形小片；鸡蛋磕入碗内，搅匀备用。

2.将植物油放入锅内，热后下丝瓜片煸炒几下，加入鸡汤烧开，淋入鸡蛋液，下入精盐，盛入盆内即可。

巧手厨房

丝瓜要削皮，片不要太小，要烧烂。不要放酱油，口味不宜过重。

营养便利贴

汤鲜味美，营养丰富。丝瓜富含蛋白质、脂肪、碳水化合物、钙、磷、铁及维生素B_1、维生素C、皂甙等。丝瓜可预防各种维生素C缺乏症。

葡萄干粥

原料

大米40克，葡萄干10克。

做法

1.将大米淘洗干净，沥干水分；葡萄洗净沥干水分，待用。

2.锅中加水烧开，下入大米熬煮，大米快熟时，放葡萄干，煮至大米烂熟即可。

营养解说

葡萄干富含维生素、氨基酸以及铁、钙等矿物质，是体弱、贫血宝宝的滋补佳品。

原料

绿豆、小米、大米、糯米各50克。

做法

1.绿豆洗净，浸泡2小时以上，小米、大米、糯米放一起洗净。

2.把所有原料放入锅内，加入至少1000毫升的水，旺火烧开，微火煮40分钟。期间每隔10分钟左右搅拌1次，以免粘锅底。

3.关火，焖10分钟左右，用勺子搅拌均匀即可。

营养便利贴

绿豆富含蛋白质、膳食纤维、碳水化合物、维生素E以及钙、铁、磷、钾、镁、铜等微量元素，有清热解毒的功效。

“芝宝贝”喂养经

宝宝在夏天出汗多，水分流失很大，钾的流失最多，体内的电解质平衡遭到破坏。用绿豆煮汤来补充流失的水分是最理想的方法，能够清暑益气、止渴利尿，不仅能补充水分，还能及时补充无机盐。但绿豆性寒，如果宝宝肠胃不好，可以通过添加别的谷物来达到平衡，如糯米、小米和大米可以增加粥的润滑，还可以暖胃，润肠。

雪梨藕粉糊

原料

雪梨1个，藕粉30克。

做法

1.将藕粉用水调匀；雪梨去皮、去核，切成细粒。

2.将藕粉倒入锅中，用微火慢慢熬煮，边熬边搅动，直到透明为止；再将梨粒倒入，搅匀即可。

营养便利贴

此羹水嫩晶莹，香甜润滑，营养丰富，含碳水化合物、蛋白质、脂肪，并含多种维生素及钙、钾、铁、锌，能促进食欲，帮助消化，非常适合婴幼儿食用。

“芝宝贝”喂养经

妈妈一定要给宝宝选择纯藕粉，并学会鉴别。纯藕粉含有铁质和还原糖等成分，这些成分遇空气会氧化变微红。

猕猴桃银耳羹

原料

猕猴桃1个，泡发银耳3朵，莲子、冰糖各适量。

做法

1.泡发银耳去掉根部，撕成小朵；猕猴桃去皮，切成小粒。

2.锅内放入足量清水，将银耳倒入。

3.旺火煮开后，倒入莲子。

4.微火熬煮约40分钟。

5.当银耳呈黏黏的胶冻状时，放入适量冰糖熬化。

6.关火，放猕猴桃粒，搅匀，放凉后食用，味道更佳。

营养便利贴

颜色清新、淡雅怡人、口味酸酸甜甜。猕猴桃富含碳水化合物、膳食纤维、维生素C、维生素A、叶酸等营养素，具有清热降火、润燥通便、增强宝宝免疫力的作用。银耳含有蛋白质、脂肪、多种氨基酸以及钙、磷、铁、钾、钠、镁等矿物质，有补脾开胃、益气清肠、滋阴润肺的作用。

第4章
10～12个月宝宝辅食

这个阶段的宝宝是从断奶晚期过渡到结束期，初期辅食类型为细嚼型，质地为碎末，如碎菜、虾末、瘦肉末、馒头和面片，快满一周岁时，辅食类型可转为咀嚼型，质地比正常饭菜软烂。这个时期宝宝的饮食从以乳类为主渐渐过渡到以谷类食物为主，可以正常吃主食了。妈妈要特别注意辅食的质与量，既要避免营养不良，也要避免过度喂养。

肉松饭

原料

软米饭75克，鸡肉20克，胡萝卜1片。

做法

1.将鸡肉剁成极细的末，放入锅内，边煮边用筷子搅拌，使其均匀混合，煮好后放在米饭上一起焖。

2.饭熟后盛入小碗内，切一片花形胡萝卜放在米饭上作为装饰。

营养便利贴

松软、味香、色泽美观，适合宝宝的口味特点，营养价值高。鸡肉富含蛋白质、维生素A、维生素B_1、维生素B_2以及钙、磷、铁、镁、钾、钠等微量元素。

骨头汤焖饭

原料

大米、骨头汤各适量，青菜叶、紫菜少许。

做法

1.将骨头汤用细筛子或纱布过滤好，扔掉骨头渣子，将汤慢慢倒入锅中。

2.将大米淘洗干净，倒入锅中，用微火焖成烂饭。

3.将青菜叶择洗干净，沥去水分，切成小块；紫菜扯成小块，一起撒到饭上。吃时用筷子稍稍拨散即可。

营养便利贴

米饭松软，肉香醇厚、好咀嚼、易消化，含有蛋白质、磷、钙、脂肪、糖类等。

冬瓜烫面饺

原料

面粉、猪肉（羊肉、牛肉也可）、冬瓜、精盐、植物油各适量，葱、姜、香油各少许。

做法

1.面粉适量，用开水边烫边和，扒开晾凉，和到不黏手时为好。

2.猪肉、葱、姜都剁成细末，加入精盐、植物油、香油拌匀。

3.冬瓜洗净去皮和瓤，剁成碎馅，用纱布包好挤出水分，放入猪肉馅中搅拌均匀。

4.烫面揉好，分成小面剂，擀成饺子皮，包上冬瓜猪肉馅。捏成蒸饺，上蒸笼蒸8～10分钟即可。

营养便利贴

冬瓜烫面饺，馅内有汤，皮软肉香，清鲜有味，含蛋白质、铁、维生素B_2等，还可清热消暑。

山药核桃粥

原料

山药1根，核桃仁50克，大米60克，葱花、盐各少许。

做法

1.将山药洗净，然后去皮并切成薄片。

2.将锅置火上，添加水适量，待水烧开后，将切好的山药片与核桃仁、大米一同放入锅内同煮。

3.待粥熟后加入少许盐和葱花进行调味。

营养便利贴

此粥可温胃健脾，适合脾阳不足的宝宝食用。山药含有淀粉酶、多酚氧化酶等物质，有助于消化吸收。

原料

面条、肉末、胡萝卜各适量，精盐、花生油（豆油、菜子油均可）、花椒、酱油、葱花各少许。

营养便利贴

清淡爽口、滋味鲜美，含胡萝卜素、维生素A、磷、钙等成分。

做法

1.花生油烧开后，放入几粒花椒。待花椒变成深红色，即将花椒捡出扔掉不用，将油倒出，这就是花椒油。装碗备用。

2.将胡萝卜洗净，切成细末。

3.锅内再加花生油，油开后放入葱花、肉末翻炒几下，再加入胡萝卜末同炒。加少许水让胡萝卜软烂，放入适量的精盐、酱油，作卤。

4.面条煮好，捞出后浇上卤，淋上花椒油即可食用。

豆沙包

原料

面粉、红小豆各适量，白糖、猪油、发酵剂各少许。

做法

1.将红小豆煮烂，开锅后一次一次打出豆皮，用微火充分煮烂后，用勺子将豆子捣成泥，加入白糖和猪油，充分搅压，使之更加细腻。

2.将发好的面团，分成鸡蛋黄大小的面剂若干个，把每个面剂略擀成片。

3.将拌好的豆沙馅包到面皮里，将口捏紧向下放平。上蒸笼蒸15分钟左右。

营养便利贴

皮薄馅大，豆香浓厚，含丰富营养，可当主食也可作加餐食品。

鸡丝凉拌面

原料

细面条、熟鸡肉丝、绿豆芽各适量，葱、蒜、醋、酱油、芝麻酱、香油各少许。

营养便利贴

此面条清淡爽口，面滑菜脆。适合夏季食用。拌面的菜，可用黄瓜丝、莴苣丝等脆菜来拌。芝麻酱中铁、钙、蛋白质含量高。

做法

1.细面条下入开水锅中煮熟。煮时水要宽、火要大。面熟后捞出，摊在大盘里晾凉。淋上香油，用筷子挑拌均匀。装入碗中。

2.绿豆芽放入开水锅中烫一下，烫到八分熟，捞出用凉开水冲一下，挤出水分，放到面条上面。再撒上熟鸡肉丝。

3.蒜捣成蒜泥、葱切成末，芝麻酱用水拌开。

4.把芝麻酱、蒜泥、葱末、酱油、醋等调料一起倒在面条上，用筷子拌匀即可食用。

千层蒸饼

原料

面粉、酵母粉各适量，花生油（其他食用油也可以）、花椒面少许。

做法

1.将面粉和好用酵母粉发酵后把面揉好，擀成薄一点的大饼。

2.将花生油、花椒面均匀地撒在大饼上，再将大饼切成30厘米宽、45厘米长的大片。从短的一面折起，折成近似长方形的大面饼。

3.将大面饼上笼蒸25分钟左右。

4.出锅后切成2段或3段食用。

营养便利贴

千层蒸饼面饼暄软、层次分明，有花椒盐香味。

原料

红薯、面粉各适量，花生油适量。

营养便利贴

红薯饼甜而不腻，软而不黏。含高糖、高淀粉，是一种廉价的营养食品。

做法

1.先将红薯洗净，放入锅中煮烂，出锅剥去皮。

2.将面粉放在盆中，用剥皮的红薯和面，面要软些。最好全用红薯和，不加水。

3. 面揉到不沾手时，做成小饼。

4.平锅里略加些油，油热后将小饼放入煎烙。烙到两面焦黄熟透为止。烙时要注意看火，不可烙糊；火也不要太小，以免把饼烙硬。

原料

面粉100克，面肥10克，猪肉末50克，海米20克，韭菜50克，香油、熟豆油、酱油、精盐、鸡精、姜末、碱液各适量，清水少量。

做法

1.将面粉放入盆内，加入面粉、温水200克和成面团，待酵面发起，加入碱液揉匀，稍饧。

2.将海米切成细末放入盆内，加入猪肉末、酱油、精盐、鸡精、姜末和少许清水搅匀，最后加入香油、熟豆油、切碎的韭菜，拌匀，做成三鲜馅。

3.将饧过的面团搓成条，揪成面剂，擀成中间稍厚、边缘较薄的面皮，包入三鲜馅，捏成包子，码入屉内，上笼用旺火蒸12分钟即熟。

三鲜馅包子

营养便利贴

馅味鲜香，味美，适口。海米富含钙、磷、碘、钾、镁等多种对人体有益的微量元素，是人体获得钙的较好来源，蛋白质含量是鱼、蛋、奶的几倍到几十倍，且其肉质松软，易消化，适合宝宝经常食用。

猪肉菜包

原料

面粉、发酵剂、猪肉、白菜（包心菜、圆白菜）、水各适量，酱油、葱、食用油、鸡精、精盐、五香面、香油各少许。

营养便利贴

包子皮为发面食品，B族维生素丰富，而且更容易消化。同时搭配多种蔬菜和肉类能够做到基本的膳食平衡，适合宝宝食用。

做法

1.将面用发酵剂发好。

2.猪肉剁成肉馅，葱切成末。

3.白菜用开水烫一下，捞出挤干。先顺丝切成丝，再横切成末，用乱刀剁细，挤出水分。备用。

4.将猪肉末，放入盆中，加精盐、鸡精、酱油、葱末、五香面和适量的水，向一个方向搅拌均匀。再将白菜末放入肉馅中，在白菜馅上浇适量的食用油，拌一下（这样可防止白菜出水）然后再将菜、肉混拌均匀。

5.发面按个大小做面剂，擀皮，包入肉菜馅。包包子时要用右手拇指与食指顺面皮边向上提捏10～14个小褶，把口收紧，上蒸笼蒸15分左右即可。

鱼茸丸子面

原料

黄花鱼肉100克，鸡蛋1个，手擀面60克，黄瓜1根，鱼汤200克，淀粉、盐各少许。

做法

1.将黄花鱼肉剁成鱼茸，放入鸡蛋、淀粉、盐搅拌均匀。锅里把水烧开，用手挤成小丸子到锅里，待丸子飘起来后，盛到碗里。

2.手擀面用沸水煮熟后，过一下温开水，捞在放鱼丸的碗里。

3.锅内倒入鱼汤煮沸，盛入鱼丸碗中，拌匀既可食用。

营养便利贴

鱼香扑鼻，面条滑爽。黄鱼含有丰富的蛋白质、微量元素和维生素，对宝宝的生长发育及为有利。

葱油虾仁面

原料

细面条200克，虾仁15克，葱丁40克，植物油10克，酱油、白糖各少许。

做法

1.将炒锅置火上，放油烧热，下入葱丁爆锅。

2.出香味时加入切碎的虾仁炒一下，再放入酱油、白糖炒几下，盛入碗内。

3.将细面条煮好后，分捞盛在存有虾仁的碗内。

4.再倒入适量面条汤，拌匀即可。

营养便利贴

虾仁富含蛋白质、钙、钾、碘、镁、磷等矿物质及维生素A、氨茶碱等成分，易消化，非常适宜吸收能力较弱的宝宝食用。

巧手厨房

要把虾仁切碎，这样才易于宝宝消化吸收。

油菜海米豆腐

原料

豆腐、油菜、海米各适量，植物油、香油、精盐、水淀粉、葱花各少许。

做法

1.将豆腐切成小丁；海米用开水泡发后切成碎末；油菜择洗干净、切碎。

2.将油放入锅内，热后下入葱花炝锅，投入豆腐、海米末，翻炒几下再放入油菜，炒透后加入精盐，水淀粉勾芡，最后淋上香油即可。

营养便利贴

色泽白绿，味道鲜美，营养丰富。油菜含有大量胡萝卜素和维生素C，有助于增强机体免疫能力；钙含量在绿叶蔬菜中最高；含有的大量植物纤维素，能促进肠道蠕动，预防宝宝便秘。

原料

馄饨皮250克，肉末125克，荠菜300克，香油、精盐、白糖各少许。

营养便利贴

荠菜有“菜中甘草”之称，含多种宝宝必需的营养素，如丰富的维生素C和胡萝卜素，有助于增强机体免疫功能，因胡萝卜素为维生素A原，所以荠菜是预防干眼症、夜盲症的良好食物。

做法

1.将荠菜洗净，放沸水锅内烫一下，捞入凉水内过凉，挤干水分切碎。

2.肉末放入碗内，加精盐、白糖、香油及清水25毫升，拌搅上劲后，加入荠菜调和成馅。

3.将馄饨皮放在左手掌上，挑入馅心，折成馄饨。

4.再将馄饨放入沸水锅内煮熟，捞入碗内，浇入原汤，调匀。

鸡蛋饼

做法

1.将鸡蛋打入碗中，搅打松散起泡泡。加入面粉，要边加边搅，防止面粉结块。同时将精盐、葱花一同放入蛋碗中，搅拌均匀，稍稍倒入1～2汤匙温水，搅成稀面糊。

2.锅内加花生油，油热后，将面糊淋入锅中，将锅拿起向四周转一下，使面糊薄薄地粘到锅的周围成为一个圆饼。火不要太大，看蛋面糊变色，就翻一下，两面要都烙好，烙时还可往饼上刷一点油再翻个烙，这样饼会烙得金黄发酥。

原料

鸡蛋、面粉各适量，精盐、葱花、花生油、温水各少许。

营养便利贴

口感润滑，细嫩，营养丰富，是宝宝早餐的最佳食品。

肉豆腐糕

原料

肥瘦肉、豆腐各适量，香油、酱油、精盐、水淀粉、葱末、姜末各少许。

做法

1.将肉剁成馅，倒入酱油、姜末，拌匀备用。

2.将豆腐搓碎，加入拌好的肉馅、水淀粉、精盐、香油、葱末和少量水，搅拌成泥。

3.将肉豆腐泥摊入小盘内，上屉蒸15分钟即可。

营养便利贴

香嫩入味，宝宝很喜欢食用。豆腐富含铁、镁、钾、钙、锌、磷、叶酸、维生素B_1、维生素B_6等营养素。豆腐除有增加营养、帮助消化、增进食欲的功能外，对齿、骨骼的生长发育也颇为有益，所以特别适合宝宝食用。

苹果葡萄露

原料

葡萄200克，苹果1/2个，白糖少许。

做法

1.苹果洗净切块；葡萄洗净。

2.将苹果、葡萄放入榨汁机中榨汁。喝时兑水放少许白糖。

营养便利贴

葡萄中的糖主要是葡萄糖，能很快被人体吸收，可预防低血糖。葡萄的很多营养成分都存在于皮中，所以食用时不要将葡萄皮去掉。

三色肝末

原料

猪肝、葱头、胡萝卜、番茄、菠菜各适量，盐、肉汤各少许。

做法

1.将猪肝洗净用开水烫一下，然后切碎。

2.葱头、胡萝卜均去皮洗净切碎；番茄用开水烫一下，剥去皮，切碎；菠菜择洗干净，切碎。

3.把切碎的猪肝、葱头、胡萝卜放入锅内加肉汤煮熟后加番茄、菠菜、盐，稍煮片刻即可出锅。

营养便利贴

猪肝和菠菜都含有丰富的锌。这道菜色彩鲜艳，口感清淡，很适合缺锌的宝宝食用。

西瓜绿豆粥

原料

大米200克，西瓜300克，绿豆50克，冰糖适量。

做法

1.将绿豆洗净，放入清水中浸泡4小时；大米淘洗干净；西瓜去皮及籽，切成小丁备用。

2.锅中加入适量清水，先下入大米、绿豆煮至粥稠，再放入西瓜丁、冰糖，煮5分钟即可。

营养便利贴

西瓜富含水分、蛋白质、碳水化合物、脂肪、维生素A、钾等营养物质，具有清热解暑、除烦解渴的作用。绿豆富含蛋白质、脂肪、碳水化合物、膳食纤维、B族维生素、矿物质等营养素，绿豆还有清热解毒的作用。

“芝宝贝”喂养经

夏季气候炎热，宝宝的消化功能较弱，应选择清热消暑，健脾益气的食物。因此，饮食宜选清淡爽口，少油腻、易消化、增食欲的食物。

黄瓜鸡蛋饼

原料

黄瓜、鸡蛋各适量，精盐、葱花、油各少许。

做法

1.鸡蛋打入碗内，黄瓜切成小丁，放入蛋液中，加精盐、葱花，充分搅打。

2.锅内加油，油烧热后，将蛋液倒入锅中、摊成圆圆的薄饼，待蛋液凝固时，颠勺翻饼，再煎。煎蛋饼时应用微火待两面全黄，即倒入盘中。

营养便利贴

黄瓜含水量大，并含有少量的维生素C、胡萝卜素以及少量糖类、蛋白质、钾、钙、磷、铁等人体必需的营养素。可用于调剂口味，夏季食用清凉爽口。

肉皮冻

原料

肉皮1000克、清水3000毫升，酱油、精盐、葱、姜、花椒、桂皮、大料各少许。

营养便利贴

味道醇香，柔韧，透明，形似琥珀。肉皮冻富含脂肪、蛋白质和纤维素等营养元素，对人的皮肤、筋腱、骨骼、毛发都有重要的生理保健作用。

做法

1.将肉皮刮净毛，用开水烫一下，捞出用凉水冲凉，片去肉皮上面的肥肉，切成条；葱切段；姜切片；花椒、桂皮、大料用纱布包成五香料包备用。

2.将肉皮放入锅内，加入水、酱油、精盐、葱段、姜片、五香料包煮熬，边煮边撇出浮沫和浮油。

3.待汤熬成金红色浓时，拣出葱、姜，取出料包，倒入盆内或深瓷盘内，凝固即可。

鸳鸯蒸丸

原料

鱼肉（去皮和刺）、猪肉馅、清水各适量，葱花、酱油、盐、香油、淀粉、青菜叶各少许。

做法

1.将鱼肉剁成碎末，放入碗中，加清水搅匀，搅时向一个方向搅动。

2.加入酱油、盐、葱花、肉馅拌匀。再加适量淀粉调拌后，用手挤成小丸子。

3.将蒸笼内涂一些油，把丸子放入蒸笼中蒸5分钟取出。

4.将丸子放入白水锅中氽一下，同时将青菜叶洗净下锅，待水大开后即将丸子与菜叶捞起装碗，淋上香油即可。

营养便利贴

白嫩可口，鲜香滑软，含有丰富的蛋白质，易于消化。

果仁蛋奶糕

原料

葡萄干20克，核桃仁、腰果仁、松仁各10克，牛奶100毫升、糯米粉50克，鸡蛋2个，色拉油少许。

做法

1.将鸡蛋磕开，打散，加牛奶、糯米粉搅拌均匀，备用。

2.把核桃仁、腰果仁切成丁，与葡萄干、松仁一起放到蛋奶糊中，搅拌均匀，然后倒在一个抹过油的盘中，上锅蒸熟即可。

营养便利贴

果香醇厚，奶香浓郁，营养丰富。坚果中有丰富的天然果糖、蛋白质、维生素、纤维素及多种微量元素，对宝宝生长发育大有好处。牛奶含钙丰富，能强化骨骼和牙齿。

山药排骨汤

原料

排骨300克，山药200克，胡萝卜100克，枸杞子50克，姜片、白醋、盐各适量。

做法

1.锅里放清水，放入洗净的排骨，用旺火烧开，捞出洗净，并将锅里的水倒掉。

2.山药洗净，削去外皮，切成滚刀块备用；胡萝卜洗净，同样切成滚刀块。

3.将排骨和姜片一起放入砂锅，旺火烧开，转微火炖煮，并加入白醋。

4.煮1小时后，放入山药、胡萝卜和枸杞子。

5.微火再煮半小时，放盐调味即可。

营养便利贴

排骨除含蛋白、脂肪、维生素外，还含有大量磷酸钙、骨胶原、骨粘蛋白等，可为宝宝提供充足钙。山药中含有大量淀粉及蛋白质、B族维生素、维生素C、维生素E等，具有健脾、除湿、补气、益肺的功效，对宝宝强健体魄都有显著效果。

“芝宝贝”喂养经

山药对于胖宝宝来说，也是一种很适宜的美食。它含有足够的纤维，食用后就会产生饱胀感，从而控制进食欲望，起到减肥的作用。

红枣山药粥

原料

糯米250克，山药100克，干红枣6颗，冰糖适量。

做法

1.山药去皮，切块；将干红枣浸泡去核，洗干净；糯米洗净，浸泡20分钟。

2.糯米用旺火煮开，再用微火熬15分钟；八成熟的时候放入山药块、红枣，继续熬制20分钟即可。

营养便利贴

糯米含有蛋白质、脂肪、糖类、钙、磷、铁、维生素B_1、维生素B_2等营养素，可以缓解宝宝脾胃虚寒，食欲不佳，腹胀腹泻等症状。山药含有皂甙、黏液质、胆碱、淀粉、糖类、蛋白质和氨基酸、维生素C等营养素，具有滋补作用。红枣富含钙和铁，经常食用可以防治宝宝缺钙和贫血。

草莓酸奶

做法

1.将草莓洗净控干水分，用小刀切成四瓣。

2.将草莓、酸奶混合在一起。

3.用打碎机打成草莓酸奶即可。

营养便利贴

酸奶能为宝宝补充足量的钙和能量，且很容易消化，特别适合于消化系统发育不成熟的宝宝。

原料

酸奶50毫升，草莓5个。

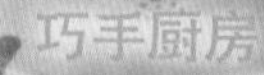

巧手厨房

最好用稍微稠一点的酸奶，这样打出来的草莓酸奶才不会太稀。另外，因为打碎的草莓在酸奶里非常容易氧化，所以这种鲜果酸奶一定要现做现吃，可以保持口感新鲜。

冬瓜丸子汤

原料

冬瓜200克，瘦猪肉馅100克，鸡蛋清1个，高汤、香菜末适量，姜末、盐、淀粉各少许。

做法

1.将冬瓜去皮，洗净切厚片；瘦猪肉馅中加盐、姜末、淀粉、蛋清充分搅拌均匀，备用。

2.锅里放高汤烧开，把腌制好的肉馅挤成丸子下入汤锅里，汤开丸子上浮后倒入冬瓜片，再加少许盐，盖上锅盖，至冬瓜煮熟后撒上香菜末、鸡精，勾薄芡即可出锅。

营养便利贴

宝宝在干燥的天气里容易上火，冬瓜性凉，可以清火，加上肉，中和了冬瓜的寒凉，味道不但鲜美，而且还有效的清除燥热，适合宝宝经常食用。

土豆饼

原料

土豆500克，红豆沙、淀粉、食用油各适量。

营养便利贴

土豆富含维生素C、钙、钾、粗纤维等营养素。土豆中的维生素C耐加热，这是因为维生素被淀粉包裹，即使加热40分钟，损失量也很少。

做法

1.土豆洗净去皮，切成片，入蒸锅蒸至熟，然后取出用勺子压成土豆泥。

2.土豆泥中加入适量淀粉、温水，揉成光滑的粉团。

3.粉团分成若干份，取一份粉团压扁，放入适量红豆沙包起来，压扁做成小饼。依此法将剩下的粉团都包成小饼。

4.平底锅刷油预热，将做好的土豆饼分别放入锅内，煎至两面微黄即可。

酱猪肝

原料

鲜猪肝100克，酱油、料酒、大料、花椒、葱、生姜、精盐、水各适量。

做法

1.将猪肝切成大块，用开水煮几分钟捞出，洗净待用；葱切段；生姜切片。

2.将猪肝放入锅内，加入水（以没过猪肝为度）、酱油、精盐、料酒、葱段、姜片、花椒、大料，开锅后转微火，酱至竹筷扎眼无血水、发硬时取出，放入盆内，冷却即可。食用时切片、切末均可。

“芝宝贝”喂养经

宝宝食用猪肝不宜过量，以免摄入过多的胆固醇。

营养便利贴

咸香浓厚，味道极佳。猪肝中含有丰富的蛋白质和有机铁，容易被人体吸收，是补血食品中最常用的食物。

酸奶水果沙拉

原料

猕猴桃、苹果、香蕉、雪梨各适量，酸奶20毫升。

做法

1.猕猴桃去皮切小块，苹果洗净切小块，香蕉去皮切小块，雪梨去皮切小块。

2.将所有水果摆放在盘子内，倒入酸奶，搅拌均匀即可。

营养便利贴

补充维生素、碳水化合物、膳食纤维，可开胃助消化。酸奶能维护肠道菌群生态平衡，形成生物屏障，抑制有害菌对肠道的入侵。

第5章
1～2岁宝宝营养配餐

这个阶段的宝宝随着其消化功能的不断完善，饮食的种类和制作方法开始逐渐向成人过渡，以谷类、蔬菜和肉类为主的食物开始成为宝宝的主食。不过，此时的饮食还是需要注意营养平衡和易于消化吸收，不能完全吃成人的食物。宝宝所需的大部分营养都要靠正餐获得，因此，要培养宝宝对正餐的兴趣，妈妈制作的膳食应小巧、精致、花样翻新，并注意颜色的搭配，宝宝可以通过视觉、嗅觉、味觉等感官，传导到大脑皮质的神经中枢产生反射性刺激，从而产生吃的欲望。

双色蛋

原料

熟鸡蛋1个（约60克），胡萝卜酱10克。

做法

1.将煮熟的鸡蛋剥去外皮，把蛋黄、蛋白分别研碎。

2.将蛋白放入小盘内，蛋黄放在蛋白上面，放入笼中，用中火蒸7～8分钟，浇上胡萝卜酱即可。

营养便利贴

色泽美观，柔软可口。营养价值比较高。

拌茄泥

原料

茄子适量，芝麻酱、食用油、葱花、姜末、蒜、精盐各少许。

做法

1.将茄子洗净放在蒸锅中蒸至里面熟软时，取出，用刀切开，取出茄肉放入碗中。

2.蒜捣成蒜泥、芝麻酱加适量精盐用水调好拌匀。

3.锅中放油，油热后将葱花、姜末放入锅中，倒入茄泥翻炒，待茄泥出味就可离火，出锅。倒入调好的芝麻酱，拌匀即可。

营养便利贴

清淡爽口，软烂适宜，味道鲜美，凉热可食，适合儿童食用。茄子中的铁、钾、维生素E和维生素P含量较高。

牛奶香蕉糊

原料

香蕉20克，牛奶30毫升，玉米面5克。

做法

1.将香蕉去皮后用勺子研碎。

2.将牛奶倒入锅内，加玉米面边煮边搅拌均匀，煮好后倒入研碎的香蕉中调匀即可。

巧手厨房

在制作过程中，要把玉米面、牛奶煮熟后再倒入研碎的香蕉中搅匀。

营养便利贴

此糊香甜适口，奶香味浓，富含蛋白质、糖类、钙、钾、磷、铁、锌及维生素C等多种营养素。

原料

苹果、橘子、葡萄干各适量，酸奶酪、蜂蜜各少许。

做法

1.将苹果洗净，去皮后切碎；橘子去皮，切碎；葡萄干用温水泡软后切碎。

2.将苹果、橘子、葡萄干放入小碗内，加入酸奶酪和蜂蜜，拌匀即可。

营养便利贴

色美、味酸甜，含有丰富的蛋白质、碳水化合物、维生素C、磷、钙、铁等营养素。有助消化、健脾胃之功效。尤其适宜消化不良的宝宝食用。

巧手厨房

制作时要把原料切碎，这样利于宝宝咀嚼。

原料

嫩豆腐20克，草莓1个，橘子3瓣，蜂蜜、精盐各少许。

做法

1.将嫩豆腐加水煮3分钟，沥去水分。

2.把草莓用盐水洗净后切碎；橘瓣去核研碎，再与蜂蜜和精盐混合；所有食材加入豆腐中均匀混合即可。

营养便利贴

色泽美观，味美适口。草莓富含碳水化合物、膳食纤维、胡萝卜素、维生素C等营养素。草莓富含的果胶和不溶性纤维可以帮助宝宝消化、通畅大便。

大枣葡萄干土豆泥

原料

土豆50克，葡萄干、大枣、蜂蜜各适量。

做法

1.将葡萄干用温水泡软切碎；土豆洗净，蒸熟去皮，趁热做成土豆泥；大枣煮熟去皮、去核。

2.将炒锅置火上，加水少许，放入土豆泥及葡萄干，用微火煮，熟时加入蜂蜜调匀即可。

营养便利贴

质软、稍甜，含丰富营养素。是体弱贫血宝宝的滋补佳品。

清蒸肝泥

原料

猪肝或鸡肝125克，鸡蛋1/2个，香油、精盐、葱花各适量，清水50克。

做法

1.将猪肝或鸡肝去掉筋膜，切成小片，和葱花一起下锅炒熟，盛出剁成细末。

2.将猪肝末或鸡肝末放入碗内，加入鸡蛋液、清水、精盐、香油搅匀，上屉用旺火蒸熟即可。

巧手厨房

先将猪肝或鸡肝切片后再炒，再将其剁成细末。

营养便利贴

鲜香、软嫩。每周食用1～2次，对维生素A、铁的缺乏有较好的辅助治疗作用。

土豆馅

原料

土豆、猪肉各适量，精盐、酱油、淀粉、食用油各少许。

营养便利贴

土豆的主要成分是淀粉，同时富含维生素C、钙、钾等营养素。

做法

1.将土豆刮皮，洗净，切成1厘米左右厚度的圆片。再从中间切开2/3，使土豆成为夹片。

2.将猪肉剁成馅，加精盐、酱油搅拌均匀。

3.将淀粉调成稠糊。

4.将肉馅夹入土豆片中，夹好后备用。

5.起油锅，待油烧热后，将夹肉的土豆片在淀粉碗中蘸一下，放入热油中炸成金黄色，土豆馅就炸好了。

果仁豆腐

原料

豆腐、花生米或核桃仁各适量，鸡蛋1个、淀粉、精盐、面粉、葱花、姜末、青菜片、胡萝卜片、香油各少许，植物油适量。

做法

1.将花生米或核桃仁炒熟，搓去皮备用。

2.将豆腐用汤勺压碎成泥，加精盐、再打入鸡蛋，加淀粉与面粉少许搅匀，搓成椭圆形丸子。

3.在每个丸子里包上一粒花生米或核桃仁。

4.在锅中放入植物油，油要多些，油烧至六七成热时将丸子依次入锅，炸到金黄色捞出。

5.锅中加少许油，把葱花、姜末放入，再把胡萝卜片放入翻炒几下，再下青菜片翻炒几下，加少量水、淀粉汁、精盐做勾芡汁浇到丸子上，淋上少许香油即可。

营养便利贴

皮脆软，心酥香，吃起来别有风味，营养也很丰富。

百果粥

做法

1.先将花生米、芸豆用少量水煮软，将水倒掉。

2.重新加水，将大米、栗子仁、红小豆、花生米、芸豆放入同煮，直到煮至果酥米烂为止。

3.将青果切成小丁，撒在稠粥里。

4.吃时放入少量白糖。

原料

大米、花生米、栗子仁、核桃仁、芸豆、红小豆、青果等各适量，白糖少量。

营养便利贴

百果粥营养丰富，含磷、钙、多种维生素，香甜滑润，很受宝宝欢迎。

南瓜小甜饼

原料

面粉30克，南瓜20克，白糖、黄油各少许。

做法

1.南瓜放锅里蒸熟，晾凉后研成泥状备用。

2.将南瓜泥、面粉、白糖搅拌均匀后，制成南瓜饼坯。

3.饼铛里放黄油，烧热后放入饼坯，用小火慢慢烙熟。

营养便利贴

柔软香甜，易于消化。南瓜是很好的低脂食品，维生素的含量居瓜类之首，常吃对宝宝的眼睛有很好的保护作用。

原料

鸡蛋3个（约180克），猪肉末、青蒜末各适量，植物油、酱油、精盐、料酒、葱姜末各少许，凉开水、高汤或清水、水淀粉各适量。

营养便利贴

味道鲜美，营养丰富。

做法

1.将鸡蛋打入盆内，搅打均匀后加入凉开水、精盐搅匀，用旺火、开水蒸15分钟，呈豆腐脑状即可。

2.将植物油放入锅内，投入猪肉末煸炒断生，加入葱姜末、酱油、精盐、料酒、高汤，开锅后用水淀粉勾芡，撒入青蒜末，肉末卤就做好了。

3.食用时先往碗内舀一勺蛋羹，再将一勺肉末卤浇在上面即可。

珍珠丸子

原料

猪肉（肥三瘦七）100克，糯米50克，鸡蛋1个，香油、精盐、料酒、湿淀粉、葱末、姜末、豌豆、清水各适量。

做法

1.将猪肉洗净，绞或剁成馅，放入碗内，加入葱末、姜末、精盐，料酒，半个鸡蛋，湿淀粉及清水拌匀上劲。

2.将糯米淘洗干净，用清水浸泡1小时，沥水备用。

3.取一小盘，抹上香油，将肉馅挤成小肉丸，滚匀糯米，在每个丸子顶上放一颗豌豆，上笼蒸30分钟，取出即可。

营养便利贴

形态美观，鲜嫩可口，含多种营养素。

翡翠蛋饼

原料

菠菜、鸡蛋、熟鸡胸脯肉各适量，精盐、植物油、葱花各少许。

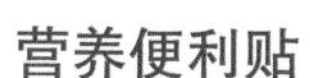

菜味清淡鲜美，含铁、磷、蛋白质等，对改善贫血、便秘都很有益。

做法

1.将菠菜洗净，切成碎末。

2.熟鸡胸脯肉切成碎末。

3.鸡蛋打入碗中，加精盐、葱花，充分搅打直到蛋液起泡。然后将肉末、菠菜末放入蛋液中搅拌均匀。

4.锅中倒入植物油，待油烧至六成热时将蛋液倒入锅中。轻轻转动炒锅。使鸡蛋凝成圆饼。煎到两面焦黄就可出锅。

肉末烧茄子

原料

猪肉、茄子、干口蘑各适量，植物油、精盐、酱油、葱、姜、蒜各适量。

做法

1.将猪肉洗净，剁成碎末；干口蘑用开水泡开，洗净泥沙，切成小碎块（第一次泡口蘑的水留下备用）；将茄子洗净削去皮，切成1.5厘米大小的菱形块。

2.将植物油放入锅内，热后投入茄子煸炸至呈黄色，将茄子拨在锅边，加入葱、姜、肉末，煸炒熟，然后拨下茄子炒拌均匀，再放入口蘑、酱油、精盐、泡口蘑的水等，烧至茄子入味即可。

巧手厨房

煸炸茄子时油温要热，火要旺，这样茄子才好上色。

营养便利贴

茄子鲜香、软烂，具有清热止血，消肿止痛的功效，出现热毒痈疮、皮肤溃疡、口舌生疮等症状时可以作为食疗菜谱。

番茄炒蛋

原料

番茄200克，鸡蛋1个，植物油、精盐、白糖各适量。

做法

1.将番茄洗净、去蒂，切成1.5厘米见方的小丁；鸡蛋打入碗中，加入少许精盐，搅打均匀。

2.将油放入锅内，热后先炒鸡蛋，炒后起出。锅中再加入底油，热后投入番茄煸炒，加入白糖、精盐，炒匀，然后放入鸡蛋同炒几下即可。

营养便利贴

口味甜咸，色泽美观，营养搭配合理。

凉拌白菜心

原料

白菜心200克，五香豆腐干100克，白糖20克，醋适量，鸡精、盐、香油各少许。

做法

1.将白菜心洗净，切细丝；五香豆腐干切细丝。

2.将白菜丝和五香豆腐干丝放到盘中，加入白糖、醋、鸡精、盐和香油拌匀即可食用。

营养便利贴

酸甜适宜，脆嫩爽口。白菜的营养成分非常高，对宝宝的生长发育极为有利，而且甜酸脆的口味宝宝特别喜欢。

银鱼蛋羹

原料

银鱼100克，鸡蛋2个，黄酒、食用油各适量，盐、白糖各少许。

做法

1.鸡蛋打入碗里，加入黄酒、盐、白糖搅匀。

2.银鱼用清水浸泡洗净，用黄酒和盐腌20分钟，沥干。

3.锅里放油，烧热后先把银鱼翻炒一下盛出。锅里再加油，把蛋液倒入，轻轻推动，呈半凝固状时将银鱼倒在蛋上，小火略煎，煎至两面微黄即可。

巧手厨房

煎蛋时一定要用微火，否则外边焦了，里面还没有凝固。

营养便利贴

滑嫩柔韧，鱼美味香，营养丰富，滋阴润燥，清肺利咽，易于消化和吸收。

肉末炒西蓝花

原料

猪瘦肉25克，西蓝花100克，植物油、精盐、姜末、葱末、酱油各适量。

做法

1.将猪瘦肉洗净，剁成碎末。

2.西蓝花洗净，取花，分成小朵。

3.将植物油放入锅内，热后先煸葱末、姜末，然后将猪瘦肉末放入，煸至变色，放入少许酱油、精盐翻炒均匀，投入西蓝花，用旺火急炒急下，再点少许水，微火炒几分钟后见西蓝花变成深绿色即可。

营养便利贴

色泽碧绿，味道鲜香，营养丰富。西蓝花的营养成分不仅含量高，而且十分全面，主要包括蛋白质、碳水化合物、脂肪、矿物质、维生素C和胡萝卜素等。常给宝宝多吃西蓝花，可促进生长、维护牙齿及骨骼健康、保护视力、提高记忆力。

肉末炒菠菜

原料

猪瘦肉100克，菠菜适量，植物油、酱油、精盐、葱姜各适量。

做法

1.将猪瘦肉洗净，剁成碎末；菠菜择洗干净，焯水后捞出、沥干，切成1厘米长的段备用。

2.将植物油放入锅内，热后先煸葱姜，然后将猪瘦肉末放入，煸至变色，加入酱油、精盐翻炒均匀，投入菠菜，用旺火急炒几下即可。

营养便利贴

色泽碧绿，味道鲜香，含铁丰富。菠菜中所含的胡萝卜素在人体内转变成维生素A，能维护正常视力和上皮细胞的健康，增强抵抗力，促进宝宝生长发育。

木瓜白果鸡肉汤

原料

青木瓜1/2个（约100克），白果10克，鸡肉100克，枸杞子10克，盐、姜片各适量。

做法

1.将鸡肉斩块、焯水；青木瓜去皮、去籽、切块；白果去壳衣，清水洗净。

2.将青木瓜块、鸡块、白果、枸杞子、姜片一同放入砂锅中，加入盐和清水，炖煮60分钟后，撇出上层浮沫即可。

营养便利贴

白果含有蛋白质、脂肪、维生素C、维生素B_2、胡萝卜素、钙、磷、铁、钾、镁等营养元素；木瓜富含维生素A、维生素B_1、维生素B_2、维生素C等多种维生素；鸡肉有增强体力、强壮身体的作用。

韭菜炒虾仁

原料

虾肉300克，嫩韭菜150克，食用油、香油、酱油、盐、鸡精、料酒、葱、姜等各适量。

做法

1.将虾肉洗净，沥干水分；嫩韭菜择洗干净，沥干水分，切成2厘米长的段；葱择洗干净，切丝；姜去皮洗净，切丝。

2.炒锅上火，放食用油烧热，下葱丝、姜丝炝锅，炒出香味后放入虾仁煸炒2～3分钟，烹料酒，加酱油、盐稍炒，放入韭菜，旺火炒4～5分钟，淋入香油，加鸡精炒匀，盛入盘中即可。

营养便利贴

菜清淡、脆嫩，含有丰富的胡萝卜素、维生素C及钙、铁等多种营养素，有暖胃、润肠、通便的功能。

“芝宝贝”喂养经

注意放入韭菜后一定要用旺火快速翻炒，韭菜不要炒得太烂，以免影响颜色和味道。

鸭血豆腐汤

原料

鸭血250克，豆腐300克，精盐、高汤、酱油、鸡精、香油、葱末各适量。

做法

1.先将鸭血用清水洗净，切成小方块，豆腐切成同样大小的方块，分别放入开水中焯一下，捞出控净水。

2.汤锅置火上，倒入适量高汤烧开，放鸭血块、豆腐块，煮至豆腐漂起。

3.加入精盐、鸡精、酱油、葱末，待汤再开，起锅盛入汤碗内，最后淋入香油即可。

营养便利贴

鸭血中含有丰富的蛋白质及多种人体不能合成的氨基酸，所含的红细胞素含量也较高，还含有微量元素铁等矿物质和多种维生素，这些都是人体造血过程中不可缺少的物质。鸭血有补血和清热解毒的作用。

巧手厨房

购买鸭血时要注意分辨真假鸭血：假鸭血具有胶质感，不易拉断，色泽类似于红砖色，并且横断面大多有蜂窝形小孔；而真鸭血呈暗红色，有稀疏小孔，且极易碎裂。

海米炒油菜平菇

原料

油菜150克，鲜平菇、海米各适量，花生油、香油、精盐、料酒、白糖、姜末各少许。

做法

1.将油菜择洗干净，切成1厘米见方的丁，鲜平菇切丁用开水氽一下；海米用开水泡发后，切成碎末。

2.将花生油烧热，下入姜末稍煸后，放入海米略炸一下，再放入油菜丁、平菇丁炒透，加入料酒、精盐、白糖，翻炒几下，淋入香油，盛入盘内。

营养便利贴

色泽鲜美香郁，能增进食欲，帮助消化。平菇含丰富的蛋白质，且氨基酸种类齐全。平菇中的蛋白多糖体能增强宝宝的机体免疫功能，多种维生素及矿物质可以改善宝宝新陈代谢，增强体质及调节植物神经功能。

原料

瘦猪肉50克，豆腐150克，不同颜色彩椒各半个，植物油适量，生粉、姜丝、蒜片、鸡精、酱油、盐、料酒、温水各少许。

做法

1.瘦猪肉洗净，切丝，用酱油、盐、料酒、生粉拌匀腌制20分钟左右；豆腐用热水焯一下，切小片；彩椒切丁。

2.油锅上火，烧热后，放入肉丝滑散，加姜丝、蒜片、料酒煸炒片刻，然后加入豆腐片和盐，加少许温水烧开，放入彩椒，调入生粉水，放入鸡精即可装盘食用。

营养便利贴

彩椒含丰富的维生素A、维生素B、维生素C。

原料

茭白2根，猪肉末50克，色拉油适量，料酒、老抽、盐、白糖、葱丝、鸡精各少许。

做法

1.将茭白老壳去掉，洗净，从中间剖开，切成薄片。

2.炒锅上火，倒色拉油，油热后放猪肉末，炒至变色时，加葱丝、料酒、老抽、盐、白糖，再放茭白煸炒，直至熟透，出锅时加鸡精即可。

营养便利贴

鲜香有味，润滑爽口。茭白质地鲜嫩，味甘，有祛热、止渴、利尿的功效，夏季食用尤为适宜。

原料

菜花150克，西蓝花150克，色拉油、盐、鸡精、香油、花椒粒各适量。

做法

1.将西蓝花和菜花掰成小朵，洗净，放开水锅中焯一下，过凉，沥干水分，放入盘中。

2.炒锅上火，倒色拉油，油热后放入花椒粒，炸出香味，捞出花椒粒，把花椒油倒入双花盘中，放盐、鸡精、香油，拌匀后即可食用。

营养便利贴

碧绿洁白，鲜咸有味。菜花有润肺、止咳，提高机体免疫力，预防感冒的功效。菜花上常残留农药和菜虫，吃前应将菜花放在盐水里浸泡几分钟。

原料

鲫鱼1000克，五花猪肉末200克，黄酒、酱油、白糖、熟猪油、盐、鸡精、葱姜汁、水淀粉、葱段、姜片各少许。

做法

1.鲫鱼剖洗干净，鱼身上略划几刀，备用；五花猪肉末放在碗内，加盐、鸡精、葱姜汁拌和成馅，塞入鱼腹中。

2.炒锅烧热放熟猪油，鱼身上抹酱油，放油锅中煎至两面发黄时，下葱段、姜片，爆出香味，再放黄酒、酱油、白糖、盐和水，用旺火煮沸，加盖，改用微火煮20分钟左右，用水淀粉勾芡，最后撒上葱段即可。

营养便利贴

鲫鱼含有丰富的优质蛋白质，其所含氨基酸种类全面，特别容易被人体吸收。鲫鱼还富含钙、磷、钾、镁等微量元素。

韭菜炒鸡蛋

原料

鸡蛋2个，韭菜50克，植物油、盐各适量。

做法

1.将鸡蛋打散，放入适量的盐，.韭菜洗净，切成均匀的段。

2.起油锅，倒入蛋液，蛋液结块后，盛起备用。

3.另起油锅，放入韭菜段，适量翻炒后放入鸡蛋块，放入适量盐，翻炒后即可起锅。

巧手厨房

炒鸡蛋的时候，火一定要小，以免蛋糊锅；炒鸡蛋一般是不用放鸡精；放两次盐更容易入味，而且比较均匀。

营养便利贴

韭菜富含铁、钾、维生素A、粗纤维等营养素，能促进血液循环，增进体力，增进胃肠蠕动，对便秘有辅助疗效。

原料

猪肉70克，金针菇150克，色拉油适量，酱油、料酒、醋、葱丝、姜丝、白糖、香油各少许。

做法

1.将猪肉洗净，顺着纤维方向切成丝；金针菇用开水焯一下，备用。

2.油锅烧热，放入肉丝煸炒，炒至六七成熟时，加入葱丝、姜丝略炒，下金针菇、酱油、料酒、醋、白糖炒匀，出锅时淋少许香油即成。

营养便利贴

色泽淡红，咸鲜略甜。金针菇中赖氨酸含量特别高，含锌量也比较高，有促进宝宝智力发育和健脑的作用。金针菇以食鲜为主，口味不宜太重。

芹菜蛋饼

做法

1.芹菜叶洗净切碎，加入打散的鸡蛋液、适量盐拌匀。

2.平底锅里加入适量植物油烧热，倒入适量鸡蛋芹菜叶混合液，煎成两面焦黄即可。

原料

芹菜叶100克，鸡蛋3个，植物油、盐各适量。

营养便利贴

从营养学上来说，芹菜叶比茎的营养要高出很多倍。芹菜叶中胡萝卜素含量是茎的88倍，维生素C含量是茎的13倍，维生素B_1含量是茎的17倍，蛋白质含量是茎的11倍，钙的含量则超过茎2倍。

蒜爆空心菜

原料

空心菜300克，蒜、精盐、鸡精、食用油各适量。

做法

1.空心菜洗净，切段；蒜切片。

2.锅里放适量食用油，爆香蒜片，倒入空心菜，翻炒一会儿，放精盐、鸡精翻几下出锅即可。

营养便利贴

空心菜中富含的钙、钾、维生素C、胡萝卜素等含量均比一般蔬菜高。且有清热、解毒、凉血、利尿的作用。

巧手厨房

空心菜遇热容易变黄，烹调时要充分热锅，大火快炒，不等叶片变软即可熄火盛出。

肉末炒芹菜

原料

猪瘦肉100克，芹菜200克，植物油、酱油、精盐、料酒、葱姜末各少许。

做法

1. 将猪瘦肉剁碎成末；芹菜择洗干净，切碎，用开水烫一下。

2. 将植物油放入锅内，热后先煸葱姜末，然后放入猪瘦肉末，炒散，加入酱油、料酒、精盐炒几下，再将芹菜放入，一同炒几下即可。

营养便利贴

清香爽口，色泽鲜艳。芹菜含铁量较高，是缺铁性贫血宝宝的佳蔬。芹菜的叶、茎含有挥发性物质，别具芳香，能增强宝宝的食欲。

巧手厨房

煸肉末时油不能热，以免肉末炒不散。不要勾芡，酱油要少放。

栗子糯米皮蛋粥

原料

栗子、糯米、皮蛋、精盐、鸡精、清水各适量。

做法

1.栗子去皮；皮蛋去皮、切丁；糯米洗净浸泡1小时。

2.将糯米、栗子放入锅中，加入清水熬煮至黏稠。

3.放入皮蛋、精盐、鸡精，熬煮片刻即可。

营养便利贴

栗子含有相当多的碳水化合物，比其他坚果多3～4倍，蛋白质和脂肪较少，提供的热量比其他坚果少一半以上。栗子含有维生素B_2，常吃对日久难愈的宝宝口舌生疮有益。

巧手厨房

怎样快速将栗子的皮去掉呢？生栗子洗净后放入器皿中，加少许精盐，用开水浸没，盖上盖子。5分钟后，取出栗子切开，内皮即随栗子壳一起脱落。

牛奶花生糊

原料

牛奶200毫升，大米30克，花生20粒。

做法

1.大米洗净后浸泡1小时左右，备用；花生去皮,磨成粉末状，备用。

2.锅里放水，先用大火把大米煮开，然后用小火慢慢熬煮成黏稠状，加入牛奶和花生粉末，搅匀，再煮片刻，盛出晾凉后，即可给宝宝食用了。

营养便利贴

牛奶花生糊黏稠香滑，营养丰富。花生含有丰富的蛋白质，比动物蛋白更容易被人体吸收。

“芝宝贝”喂养经

因为一岁内的宝宝不适合喝纯牛奶，所以如果给一岁内的宝宝食用这道辅食，最好把牛奶换成配方奶。

茯苓饼

原料

茯苓50克，糯米粉200克，白砂糖10克，清水适量。

做法

1.把全部用料放入小盆内，加清水适量，调成稠糊；

2.在平锅上用文火摊烙成薄煎饼，随量食用。

营养便利贴

可以健脾补中，宁心安神。

“芝宝贝”喂养经

茯苓有宁心安神的作用，如果宝宝经常睡不踏实，易烦躁，可以给宝宝少量食用茯苓饼或用水冲淡的茯苓粉。

莴笋拌银丝

原料

莴笋1根，龙须粉适量，色拉油适量，葱丝、姜丝、花椒粒、醋、鸡精、盐各少许。

做法

1.将莴笋去皮、洗净，切细丝，放少许盐拌匀，放置10分钟左右，沥去水分，待用。

2.把龙须粉在锅中煮软，捞出，沥干水分，放在莴笋的上面。

3.锅中放色拉油，油热后放花椒粒煸出香味，捞出花椒粒，放葱丝、姜丝，炒出香味后，倒在莴笋丝和粉丝上面，再放醋、鸡精、盐，拌匀后即可食用。

营养便利贴

莴笋富含蛋白质、脂肪、碳水化合物、钙、磷、胡萝卜素等。莴笋不同于一般蔬菜的是，含有丰富的氟元素，宝宝食用可促进牙和骨骼的生长。

芝宝贝喂养经

莴笋怕咸，应少放盐。为了使营养成分少受损失，给宝宝吃莴笋时，最好洗净凉拌吃，即使煮或炒吃，也宜减少烹饪时间。

第6章
2～3岁宝宝营养配餐

宝宝进入2岁以后，营养需求比之前有了较大的提高，同时，随着宝宝胃容量的增加和消化能力的完善，每天的餐点逐渐由5次减为4次。在餐点逐渐减少的同时，每餐的量要适当增多。还要注意多让宝宝接触粗纤维食品，有助于促进肠道的正常蠕动。每餐的食物搭配要合适，有干有稀，有荤有素，饭菜要多样化，每日不要重复，坚持多样、平衡、适量的原则。

海米番茄炒西葫芦

原料

海米20克，西葫芦1个，番茄1个，蒜片、盐、淀粉、鸡精各少许。

做法

1.将西葫芦削皮，洗净切成小薄片；番茄洗净，用开水烫一下，剥皮，切丁。

2.将海米洗净，沥干水分，用油煸炒后捞出。

3.起油锅，放蒜片爆香，先放海米，然后依次放入西葫芦、番茄，炒至西葫芦断生后用淀粉勾芡，出锅时放盐、鸡精即可。

营养便利贴

西葫芦富含蛋白质、矿物质和维生素等营养物质，具有除烦止渴、润肺止咳、清热利尿、消肿散结的功效。

原料

鸡蛋2个，番茄、菠菜各适量，花生油、精盐、白糖、水淀粉、葱丝、姜丝各少许。

做法

1.将番茄洗净，去皮，去子，切成小片；菠菜择洗干净，切成2厘米长的条。

2.将锅置火上加适量水烧开，磕入鸡蛋，煮熟即成荷包蛋。

3.另取一深锅，放入花生油，烧热，下入葱丝、姜丝炝锅，再下入白糖、菠菜、番茄，开锅后，加入精盐，用水淀粉勾芡，盛入大碗内即可。

营养便利贴

红绿相衬，味道酸甜，营养丰富。

原料

带鱼500克，精盐、料酒、胡椒粉、面粉、葱段、姜片、花椒、花椒盐、植物油各适量。

做法

1.将带鱼去掉头、鳍和尾尖，开膛去内脏，刮掉腹内黑膜，洗净，切成段。

2.将带鱼放入盆内，加入料酒、精盐、胡椒粉、花椒、葱段、姜片，拌匀后腌1小时。

3.把带鱼段的两面均匀蘸一层面粉备用。

4.将油放入锅内，待油烧至七八成热，将带鱼段分几次下入锅内，用微火炸熟，炸成呈金黄色时捞出沥油，食用时蘸花椒盐。

营养便利贴

外酥里嫩，鲜咸醇香。带鱼含有磷、铁、钙、锌、镁以及维生素A、维生素B_1、维生素B_2等多种营养成分，含不饱和脂肪酸较多，具有降低胆固醇的作用。

奶香蔬菜什锦

原料

牛奶250毫升，菜花、胡萝卜、黄瓜、火腿各适量，盐少许。

做法

1.菜花洗净，掰成小块；胡萝卜、黄瓜洗净去皮，切成小丁；火腿切丁。

2.锅里放入牛奶、菜花、胡萝卜丁、黄瓜丁、火腿丁煮软后，加少许盐即可。

营养便利贴

胡萝卜能提供丰富的维生素A，具有促进机体正常生长、防止呼吸道感染及保护视力正常的作用；牛奶能提供丰富的钙；菜花能提供丰富的维生素K。

猪肉水煎包

原料

面粉、猪肉、西葫芦各适量，葱、姜、五香面、虾皮、食用油、精盐、淀粉各少许。

做法

1.面粉用开水和。

2.西葫芦洗净去瓤刮皮。用擦菜板擦成细条，再切碎，也可以直接切碎放入盆中，加精盐拌一下。放片刻后挤去水分。

3.猪肉剁成肉馅，葱、姜切成细末，放入盆中，加虾皮、五香面，放入适量精盐和西葫芦丝。搅拌均匀。

4.和好的面分成小面剂，包成包子。

5.将平锅放在火上，倒少量食用油，把包好的包子一个挨一个地摆满，盖上锅盖煎一会儿，将淀粉放入碗中加水和成稀稀的白色水，锅热后开盖将和好的淀粉水烧到包子上，水刚没过锅底即可，煎8～10分钟即可。

排骨面

原料

面粉300克，排骨2块，小白菜3片，食用油200毫升，高汤适量，葱丝、蒜片、盐、料酒、酱油、白糖、胡椒粉、淀粉各少许。

做法

1.将面粉用凉水和成不软不硬的面团，饧30分钟后，擀成细面条，待用。

2.排骨洗净，两面用刀背拍松，放入碗中加入蒜片、高汤、盐腌制15分钟捞出，然后蘸裹料酒、酱油、白糖、胡椒粉放入热油锅中，炸至两面金黄，捞出；锅里留少许油，炝葱丝，加少许水和几滴酱油，用淀粉勾芡，盛出。

3.锅里放水烧开，放入面条煮熟，捞出，再放进小白菜汆烫，捞出，放在面条上，然后再加入排骨和芡汁，撒点葱丝即可。

营养便利贴

排骨除含蛋白质、脂肪、维生素外，还含有大量磷酸钙、骨胶原、骨黏蛋白等，可为宝宝提供钙。

鲫鱼冬瓜汤

原料

鲫鱼1条（约250克），冬瓜100克，食用油、精盐、料酒、胡椒粉、葱、姜各适量。

做法

1.冬瓜去皮、切片；葱切丝；姜切片；鲫鱼洗净。

2.锅内放食用油，烧热后，将鲫鱼放入平底锅煎至两面金黄。

3.在鲫鱼煎得差不多的时候，放入葱丝和姜片也煎一下。

4.把煎好的鲫鱼、葱丝、姜片一同放入砂锅，加入开水，一次加足，倒入料酒。

5.旺火烧至水沸腾，转微火，盖好盖子，20分钟后，放入冬瓜片。

6.10分钟后，关火，撒点精盐、胡椒粉，出锅即可。

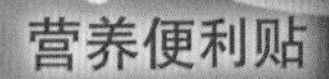

鲫鱼肉质细嫩，肉味甜美，富含蛋白质、脂肪、钙、磷、铁等营养素。冬瓜含有丰富的蛋白质、碳水化合物、维生素以及多种矿物质。此汤有清肺利尿，消肿的功效。

原料

面粉、面肥、五花猪肉各适量，香油、黄酱、鸡精、碱面（加适量水成碱液）、葱末、姜末各少许。

做法

1.将面粉放入盆内，加入面肥、温水和匀成面团，待酵面发起，加入碱液揉匀，稍饧。

2.将五花猪肉切成绿豆粒大小的丁，放入盆内，加入黄酱、香油、鸡精、葱末、姜末拌匀成馅。

3.将面团搓成条，揪成小剂子，按扁，擀成较厚的圆皮，把馅放在圆皮中央，再将圆皮边向上拢呈桃形。

4.待蒸锅上气时，将肉丁包生坯码在屉上，用旺火蒸15分钟即熟。

营养便利贴

咸香，味美，不腻。

番茄牛肉面

原料

细面条100克，牛肋条100克，番茄1个，葱段、姜片、蒜片、八角、盐、酱油各少许。

做法

1.番茄洗净，烫后剥皮，切块；牛肋条洗净，切块，放入开水锅中氽烫，捞出。

2.锅里倒入开水，放入牛肉块、葱段、姜片、蒜片、八角煮开，焖至熟软，再放入番茄、盐和酱油煮成番茄牛肉汤。

3.面条煮熟，盛入碗中，加入番茄牛肉汤汁即可食用。

营养便利贴

香味浓郁，绵滑爽口。牛肉要选牛肋条肉，肉质细嫩，宝宝容易嚼碎，便于消化。

肉末炒豌豆

原料

鲜嫩豌豆500克、猪肉250克，植物油、酱油、精盐、葱末、姜末各少许。

做法

1.将猪肉剁成末；将豌豆洗净，控干水分。

2.将植物油放入锅内，热后下入葱末、姜末略煸，下入肉末并加入部分酱油煸炒，然后把豌豆和其余的酱油、精盐放入，用旺火快炒，熟后出锅即可。

巧手厨房

要保持鲜嫩豌豆的绿色，炒时不宜多放酱油，火要旺，油要热。

营养便利贴

色艳味美，诱人食欲。

葱爆羊肉片

原料

羊肉（最好是羊脊肉）250克，葱、食用油、精盐、淀粉、鸡精各少许。

做法

1.将羊肉切成薄片；葱切成滚刀块。

2.羊肉片用淀粉抓匀。

3.锅内放食用油，油开后，将羊肉片倒入急炒，再加葱块用旺火急炒，加鸡精、精盐后盛入盘中。

营养便利贴

味道浓香，含丰富的维生素B_1、维生素B_2、胡萝卜素、氨基酸等营养成分。

巧手厨房

制作此菜要将肉片炒得嫩一些，葱要炒得无辣味。肉片可用猪肉片、羊肉片、牛肉片，做法一致。

糖醋排骨

原料

猪排骨200克，白糖、醋、酱油、料酒、葱段、姜片、植物油各适量。

做法

1.将猪排骨剁成小块，用少许酱油、料酒拌匀腌20分钟；用八成热的油炸透，捞出沥油。

2.将排骨放入锅内，加入水、酱油、白糖、葱段、姜片烧开，转微火烧至酥烂，加入醋，待汤汁将尽，并黏稠时，盛入盆内即可。

营养便利贴

肉酥入味，甜酸适口，色泽红润，明油亮芡。

蛋皮寿司

原料

鸡蛋、米饭、番茄、胡萝卜、洋葱（切成末）、油、盐各适量。

做法

1.将鸡蛋打成蛋液，摊蛋皮一张。

2.在炒锅中加油炒胡萝卜和洋葱末，而后加入米饭和番茄，用盐调味。

3.平铺蛋皮，将炒好的米饭摊在上面，仔细卷好，切小段。

营养便利贴

提供卵磷脂、维生素A、B族维生素、维生素C等营养素。

凉拌嫩藕

原料

鲜藕250克，白糖、醋、香油各适量。

做法

1.将鲜藕刮去外皮，切去藕节，洗净后，切成薄片。

2.锅里烧开水，放点盐，放入藕片，汆烫2分钟捞出，过凉，沥干水分，放入盆内。

3.加入白糖、醋、香油，拌匀即可。

巧手厨房

购买藕的时候一定要注意买短粗圆润、两头都有藕节的，其次要挑选颜色浅、没有伤、不变色的莲藕。

营养便利贴

脆嫩滑爽，鲜香有味。莲藕中富含维生素K、维生素C、铁、钾、膳食纤维等营养物质。莲藕中含有黏液蛋白和膳食纤维，还有鞣质，具有增进食欲，促进消化，健脾开胃等功效。但是由于莲藕性寒、偏凉，给宝宝食用要适当适量。

豆豉蒸平鱼

原料

平鱼1条，豆豉、食用油、盐、料酒、姜丝、蒜蓉各少量。

做法

1.平鱼洗净，鱼身划花刀，用少许盐、姜丝、料酒腌制10分钟；豆豉提前泡软后拍散与蒜蓉混合。

2.少许食用油加热后煸香豆豉和蒜蓉，铺在腌好的平鱼上。

3. 开水上锅蒸10分钟即可。

营养便利贴

平鱼含有丰富的不饱和脂肪酸、硒、镁、脂肪、蛋白质等营养素。宝宝久病体虚、气血不足、倦怠乏力、食欲不振时可多吃平鱼。

薏米莲藕排骨汤

原料

薏米10克，排骨250克，莲藕200克，盐少许。

做法

1.薏米洗净，浸泡2小时，待用；排骨洗净、汆水，待用；莲藕去皮洗净，切薄片，待用。

2.锅里烧开水，将食材全部放入，用微火煮2小时，熟时放盐调味，晾凉后即可食用。

营养便利贴

薏米中含有蛋白质、脂肪、碳水化合物、粗纤维、维生素B_1、维生素B_2等营养成分。莲藕中含有维生素K、维生素C以及铁、钾等微量元素。

香菇鸡片

做法

1.香菇洗净，去蒂，切块；鸡胸肉洗净，切薄片，放胡椒粉、淀粉、盐、酱油、料酒搅拌均匀，腌制20分钟；青红椒洗净，切片。

2.锅里放油，油温至七成热时，放入鸡片，滑散后颜色变白就捞出，待用。

3.锅里放油，油热后放蒜片、葱丝、姜丝煸炒出香味后，放香菇煸炒片刻，放点水稍焖一会儿，再放鸡片、盐、青红椒片，快速颠几下勺，放入鸡精即可。

原料

香菇50克，鸡胸肉100克，青红柿子椒各1/2个，料酒、酱油、淀粉、盐、蒜片、葱丝、姜丝、鸡精、胡椒粉各少许，油适量。

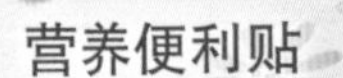

营养便利贴

香菇富含B族维生素、铁、钾、维生素D原（经日晒后转成维生素D）。鸡肉含有维生素C、维生素E等，蛋白质的含量比较高，很容易被人体吸收利用，有增强体力、强壮身体的作用。

海蜇拌黄瓜

原料

海蜇皮100克，黄瓜80克，香菜末、姜、蒜、生抽、糖、盐、鸡精、料酒、醋、花椒油各适量。

做法

1.将海蜇放入凉水中浸泡3～4个小时，期间换水3～4次，清洗至无咸味，用80℃左右的水焯一下，放入清水中浸凉、切丝；黄瓜切丝；姜、蒜、香菜切末。

2.用生抽、糖、盐、鸡精、料酒、醋、花椒油调成调味汁。

3.食用前将调味汁拌入海蜇丝和黄瓜丝中即可。

营养便利贴

海蜇富含蛋白质、碳水化合物、钙、碘以及多种维生素。

“芝宝贝”喂养经

海蜇是海鲜类食物，易过敏的婴幼儿少吃。

香肠豌豆粥

原料

豌豆、大米、香肠各适量，食用油、盐、葱丝各少许。

做法

1.锅里放水，将香肠、豌豆、大米同时放入锅内，熬煮至粥黏软，放少量盐调味。

2.炒锅上火，倒入食用油，油热后放葱丝煸香，然后将葱丝捞出，倒入煮好的粥锅里，晾凉后即可给宝宝食用。

巧手厨房

一定要将全部食材切碎、煮软，不宜太咸，稍微有一点儿咸味即可。

营养便利贴

香肠可开胃助食，增进食欲。豌豆中含有人体所需的各种营养物质，尤其是含有优质蛋白质，可以提高宝宝机体的免疫力。

竹笋炒鸡丝

原料

竹笋100克，鸡胸肉100克，食用油、水淀粉、精盐各适量。

做法

1.竹笋切丝，焯水后捞出沥干待用，鸡胸肉切丝，放适量水淀粉拌匀。

2.锅内放食用油加热，放入鸡胸肉丝翻炒至半熟，放竹笋丝，加少许精盐，迅速翻炒5分钟即可。

营养便利贴

竹笋富含蛋白质、脂肪、碳水化合物、膳食纤维等营养素，有促进肠道蠕动、去积食、防便秘的功效。

原料

蕨菜100克，鸡蛋2个，植物油、精盐各适量。

做法

1.蕨菜洗净去杂，切段，焯水待用。

2.鸡蛋打散加入精盐，搅拌均匀。

3.锅中植物油热倒入蛋液，蛋膨胀后用锅铲炒散，铲出待用。

4.留余油烧热，下蕨菜翻炒，再倒入鸡蛋同炒，加适量盐调味，炒匀后出锅即成。

营养便利贴

碧绿金黄，香滑软嫩，蕨菜嫩叶中含胡萝卜素、维生素、蛋白质、粗纤维等营养素，具有清热解毒、消肺火、泻肠热、增强人体免疫力等作用，与健脑益智和具有促进细胞再生作用的鸡蛋一起食用，更能提高免疫力。

第7章 宝宝常见症状的食疗法

宝宝在成长过程中，总会出现这样或那样的问题。其实，这些问题并不可怕，只要掌握适当的食疗方法，就能做到小病可治，大病可辅。

牛奶蛋黄糊

营养便利贴

牛奶可提供热能和促进钙、镁、铁、锌等矿物质的吸收，有益于宝宝智力发育。鸡蛋中的大多数蛋白质都集中在蛋黄部分，此外蛋黄还富含珍贵的脂溶性维生素、单不饱和脂肪酸、磷、铁等微量元素，对宝宝生长发育十分有益。

原料

鸡蛋1个，牛奶适量。

做法

1.将鸡蛋煮熟后，去壳，只留下蛋黄。

2.将蛋黄放碗中用勺子研碎，倒入牛奶搅拌成糊状即可。

“芝宝贝”喂养经

牛奶是儿童摄取钙的最佳来源。有的宝宝对加了草莓、巧克力或菠萝味的牛奶极为偏爱，爸爸妈妈大可不必加以制止，不妨让他们尽情地喝，这样孩子可以从中摄取更多的钙质。

虾皮豆腐

原料

豆腐100克，虾皮15克，食用油、酱油、精盐、白糖、葱末、姜末、水、水淀粉各少许。

做法

1.将豆腐放入开水锅内烫一下，捞出沥水后切成小丁；虾皮择洗干净，剁成细末。

2.将沙锅放火上，放入食用油，烧热后下入葱末、姜末和虾皮，爆出香味后倒入豆腐，翻炒一下加入酱油、白糖、精盐及水100毫升，翻匀烧沸，转小火烧2分钟，用水淀粉勾薄芡，盛入盘内即可。

营养便利贴

豆腐和虾皮都是极好的补钙食品。虾皮味道鲜美，不仅是很好的调味品，而且有特殊的营养价值，特别是含钙质极高，每100克虾皮含钙量达1克，有的甚至高达2克，这是其他任何食物都无法相比的。另外，大白菜、蛋、各类奶制品也都含有较高钙质，在儿童膳食中应注意增加此类菜肴。

“芝宝贝”喂养经

辨别虾皮品质的优劣，可以用手紧握一把，松手后虾皮个体即散开是干燥适度的优质品，松手后不散且碎末多或发黏的则为次品或者变质品。虾皮在制作之前先用水泡一下，不仅能保证食用安全，还可以去掉过多的盐分，以及可能存在的细沙。而且，这还能去除虾皮本身的一些不好的气味。浸泡的时间不要超过20分钟，因为虾皮个小皮薄，泡太久了，许多水溶性的营养物质也会析出、流失。

缺碘

海带丝炒肉丝

原料

肥瘦猪肉、水发海带各适量，油、酱油、精盐、白糖、葱末、姜末、水淀粉、清水各少许。

做法

1.将海带洗净，切成细丝，放入锅中蒸15分钟，待海带软烂后，取出备用。

2.将肥瘦适度的猪肉用清水洗净，切成丝。

3.将油放入锅内，热后下入肉丝，用旺火煸炒1～2分钟，加入葱末、姜末、酱油继续翻炒，投入海带丝、清水，再以旺火炒1～2分钟，放入精盐、白糖、用水淀粉勾芡出锅即可。

芝宝贝喂养经

宝宝缺碘严重，不仅会引起甲状腺疾病，而且会影响智商。当缺碘较严重时，可在医生指导下服用碘剂。一般来说，给宝宝正确的营养物质，注重日常饮食，就能消除宝宝缺碘的情况。当然，在烹调中坚持使用碘盐是人所共知的。另外，每周至少吃两次海鱼及海产品，如海带、紫菜等。

营养便利贴

质厚肉嫩，味道鲜美，营养丰富。海带含有丰富的碳水化合物、碘、钙、铁等营养素，被誉为"海上蔬菜"。

虾皮紫菜蛋汤

原料

紫菜10克，鸡蛋1个，水200毫升，虾皮、香菜各适量，花生油10克，精盐、葱花、姜末、香油各少许。

做法

1.将虾皮洗净，紫菜用清水洗净，撕成小块，鸡蛋磕入碗内打散，香菜择洗干净，切成小段。

2.将炒锅置火上，放花生油烧热，下入姜末略炸，放入虾皮略炒一下，添水，烧沸后，淋入鸡蛋液，放入紫菜、香菜、精盐、葱花即可。

营养便利贴

紫菜营养丰富，其蛋白质、铁、磷、钙、维生素B_2、胡萝卜素等含量丰富，有“营养宝库”的美称。

黄花菜鸡肝汤

原料

鸡肝50克，黄花菜100克，姜汁10克，生姜1片，清水、盐各适量。

做法

1.鸡肝洗净，每副切成4～5块，然后放入有姜汁的沸水内略煮，捞出、洗净，以除去腥味；黄花菜洗净，切成适当长度待用。

2.在汤煲内倒入适量清水，煮沸后放入姜片及鸡肝；待汤再煮沸后，加入黄花菜同煮。

3.汤再度煮沸后，加盐调味即可。

营养便利贴

黄花菜含有丰富的花粉、糖、蛋白质、维生素C、钙、脂肪、胡萝卜素、氨基酸等人体所必需的养分。

“芝宝贝”喂养经

研究发现，宝宝缺锌与季节有关。夏季发生率要比冬季高得多。这可能与夏季宝宝大多食欲较差，摄入锌量减少而经汗液排泄增加等因素有关。喂养不当也会引起宝宝缺锌问题。在给宝宝选择和服用含锌食品时，还要防止补锌过量造成的锌中毒。最安全有效的补锌方法是调配膳食。

燕麦南瓜糊

原料

燕麦50克，南瓜50克。

做法

1.南瓜去皮、切片、蒸熟，趁热研成泥状，放凉备用。

2.燕麦先用水漂洗一下，放入锅中煮成粥。

3.将南瓜泥放入燕麦粥中搅匀，放置温热时即可喂食宝宝。

营养便利贴

燕麦是最具营养价值的谷物之一，含有钙、磷、铁、锌等矿物质和膳食纤维；南瓜含丰富的胡萝卜素、纤维素，二者合一，搭配极佳。另外，此糊绵甜可口，色泽光鲜，非常适合需要补锌的宝宝食用。

枣泥

原料

大枣100克。

做法

1.将大枣洗净，放入锅内，加入清水煮15～20分钟，至烂熟。

2.去掉大枣皮、核，调匀即可喂食。

“芝宝贝”喂养经

患贫血的宝宝脸色青白，没精神，经常发热，易出青肿，当宝宝出现这些情况后，应先去检查，如确定为贫血，除在医生指导下服用药物外，可在日常膳食中注意食疗。

营养便利贴

大枣泥含有丰富的钙、磷、铁及多种维生素，具有健脾养胃，补益气血的功效，对婴儿缺铁性贫血有较好的防治作用，对脾虚、消化不良的宝宝也较为适宜。

菠菜糊

原料

菠菜50克。

做法

1.将菠菜洗净，开水烫后过凉，切成小段。

2.放入锅中，加少量水熬煮成糊状即可。

营养便利贴

菠菜不仅含有大量的β-胡萝卜素，也是维生素B_6、叶酸、铁和钾的极佳来源，对宝宝来说都是强身健体的营养物质。

番茄鱼

原料

鱼肉、番茄各适量，汤少许。

做法

1.将收拾好的鱼放入开水中煮后，除去骨刺和皮；番茄用开水烫一下，剥去皮，切成碎末。

2.将汤倒入锅内，加入鱼肉，稍煮后，加入切碎的番茄，再用微火煮至呈糊状。

"芝宝贝"喂养经

对于轻度蛋白质营养不良的宝宝，只要逐步补充高蛋白质食品，特别是优质蛋白质食品，如乳品、蛋类、鱼肉、猪牛、羊肉以及大豆、豆类制品、五谷杂粮等，即可逐渐恢复健康。爸爸妈妈可每日选做几样富含蛋白质的菜点，满足宝宝需要。例如，鸡蛋羹、鱼肉末、番茄鱼、五香鱼、五香豆腐、肉豆腐丸子、蛋黄粥、腐竹烧肉等。

营养便利贴

色红白，味鲜美，软烂。鱼肉是很好的蛋白质来源，而且这些蛋白质吸收率很高，特别适合宝宝食用。

蛋黄粥

原料

大米50克，水120毫升，蛋黄1个。

做法

1.大米洗净加水泡1~2小时，微火煮40~50分钟。

2.把蛋黄研碎后加入粥锅内，再煮10分钟左右即可。

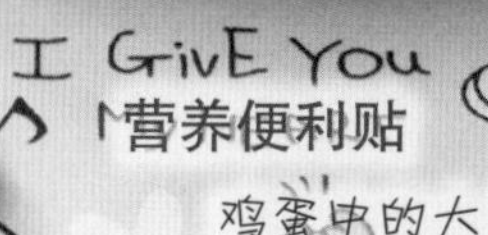

营养便利贴

鸡蛋中的大多数蛋白质都集中在蛋黄部分。

炒猪肝

原料

猪肝200克、水发木耳、植物油各适量，花椒油、酱油、料酒、精盐、醋、白糖、水淀粉、葱、姜、蒜各少许。

营养便利贴

肝嫩而鲜，可口味美。吃动物肝脏时，最好搭配高纤维素的蔬菜，如海藻类、芹菜、豆芽、韭菜、白菜等，这样既可以避免高胆固醇之忧，又可以帮助排出体内毒素。

做法

1.将猪肝洗净后剔去筋，切成薄片；葱、姜、蒜均切成末；木耳洗净撕成小碎块。

2.将猪肝放入盆内，加入水淀粉、精盐搅拌均匀。

3.将葱、姜、蒜、木耳、酱油、白糖、醋、料酒、盐和余下的水淀粉合在一起，加入少许水，搅匀成调料汁。

4.炒锅内放入植物油，置旺火上烧至八成热时，放入拌好的猪肝片滑散捞出。

5.倒去锅中余油，将花椒油放入炒锅，烧热后倒入猪肝片，炒几下后倒入调味汁，炒匀即可出锅。

蔬菜拌牛肝

原料

牛肝50克，番茄、胡萝卜各少许。

做法

1.将牛肝外层薄膜剥掉之后用凉水将其血水泡出。

2.锅中放水，将牛肝煮烂，然后捣碎。

3.番茄用开水烫一下，随即剥皮去瓤，并捣碎；胡萝卜煮熟，剥皮，捣碎。

4.将捣碎的肝泥和番茄泥、胡萝卜泥拌匀，即可食用。

营养便利贴

牛肝中维生素A的含量远远超过奶、蛋、肉、鱼等食品，具有维持宝宝身体正常生长、发育的作用，还能保护眼睛，防止眼睛干涩、疲劳。

芝宝贝喂养经

在日常烹饪中，可根据儿童口味调制富含维生素A的菜肴。如胡萝卜汤、蛋黄羹、鸡肝末、虎皮蛋、黄油煎红薯、油糕、韭菜炒蛋、酱猪肝、鸡蛋面片汤、虾皮紫菜汤、油菜炒猪肝、熘胡萝卜丸子、红根腐竹等。

小米蛋花粥

原料

小米、水各适量，鸡蛋1～2个。

做法

1.将水倒入锅内，烧开后，把洗净的小米倒入开水中。

2.待锅再开时，改用微火慢煮，熬成稀粥。米与水比例，一般为1∶10。米多粥稠米、米少粥稀。

3.米粥快煮好时，将鸡蛋打入即可。

“芝宝贝”喂养经

宝宝维生素B_1缺乏症与成人症状不同，可表现为食欲不振，生长迟缓，大便一日3～4次，粪便为黄绿色，也有呕吐等症状。治疗维生素B_1缺乏症除了口服维生素B_1制剂外还要注意多进食含维生素B_1的食物。

营养便利贴

小米稀粥米香可口，爽滑清淡。小米中的维生素B_1的含量位居所有谷物之首，是宝宝常吃的半流质食品。

玉米糊饼

原料

新鲜青玉米数个，葱、精盐、食用油、水各少许。

做法

1.将青玉米粒用刀削下，稍加水，用搅拌机磨成糊状，备用。如没条件磨，可将青玉米用擦菜板擦下，再用刀剁碎。

2.将葱切成末和精盐一同放到玉米糊中拌匀。

3.锅中放入油，油热后，用菜勺盛玉米糊，放入锅中摊成薄饼，两面都烙好即可。

营养便利贴

米味十足，新鲜可口，清香甜味，富含维生素B_1，是宝宝喜欢的食品。

芝宝贝喂养经

玉米面中维生素B_1非常容易被破坏，如果把玉米粉做成玉米粥、窝窝头，或用饼铛贴玉米饼，就能保证食物中的维生素B_1不被破坏。

水果藕粉

原料

藕粉适量，苹果或桃子、杨梅罐头各适量，清水适量。

做法

1.将藕粉和水调匀，水果切成极细的末备用。

2.将藕粉倒入锅内，用微火慢慢熬煮，边熬边搅拌，直到熬至透明为止，最后加入切碎的水果，稍煮即可。

营养便利贴

味香甜，易于消化吸收，营养丰富，适宜5个月以上的宝宝食用。

“芝宝贝”喂养经

春天是宝宝呼吸道疾病的多发季节，除接受正规医疗治疗外，在饮食方面可根据季节加以调整。宝宝如出现高热、咳嗽等症状时，宜进食流质素食及水分多、易消化吸收的食物或饮品，如藕粉、花露、果汁、蛋花醋汤等，如发烧热度不高或发热初退，可给予蔬菜挂面、馄饨皮子、粉丝豆腐羹等半流质素食。若有呕吐、腹泻等症状时，可给予腰花汤，猪肝汤，瘦肉丝等流质荤食。患病期间忌食葱、蒜、韭菜及煎炒之物，以免助热生痰。

绿豆红薯饮

原料

绿豆10克，红薯50克，糖少许。

做法

绿豆先用水煮软，与切成小块的红薯一起煮10分钟，加糖调味即可。

营养便利贴

清热解毒，经常食用可以补充水分，维持水电解质平衡，增强体力。

“芝宝贝”喂养经

夏季酷热，食疗应以清火为主。绿豆的营养成分丰富，蛋白质、钙、维生素的含量都很高，最适合消暑解渴，绿豆与薄荷同煮，对暑日感冒可起到预防和初期治疗作用。

莴笋雪梨汁

做法

1.莴笋削皮洗净，切成细丝；雪梨去皮，切细条；柠檬去皮，切细条。

2.把莴笋、雪梨、柠檬都放在榨汁机里，再加入白糖、半杯纯净水一起打匀，过滤出汁液来就可给宝宝饮用。

原料

莴笋1/2个，雪梨1个，柠檬1/2个，白糖、纯净水少许。

营养便利贴

雪梨有清热、止咳、润肺、化痰的功效，咳嗽的宝宝可多喝。

“芝宝贝”喂养经

秋天忽冷忽热，宝宝如不能适应这种急剧变化的气候环境，会患伤风感冒。一般来讲，发生于秋季的上呼吸道感染、气管炎、支气管扩张等，在发病过程中均可出现干燥的症状，在饮食调养方面，应该有针对性地少吃或不吃辛辣食品，以清淡甘润生津的食物为主，如荸荠、鲜藕、雪梨、莲心、银耳等，能滋阴润燥。

萝卜烧牛肉

原料

熟牛肉、大萝卜、香菜各适量，牛肉汤、精盐、鸡精、水淀粉、香油各少许。

做法

1.将熟牛肉切成小块；大萝卜（去皮）切成小块，用沸水烫透；香菜洗净，切成末。

2.将牛肉汤放入锅内，用精盐、鸡精调好口味，投入熟牛肉块、大萝卜块，开后转微火炖10分钟，再转旺火，调入鸡精，用水淀粉勾芡，淋入香油，翻匀倒入盆内，撒入香菜末即可。

芝宝贝喂养经

冬天，是一年中呼吸道疾病发病率最高的季节。易感染支气管炎、支气管哮喘的宝宝可食用萝卜、白菜汤、芹菜汤等具有热化痰功效的食物。

营养便利贴

汁白，汤鲜，味美，诱人食欲。冬季吃白萝卜有调理肝火虚旺，清肺热的作用，还可以提高身体免疫力。对于香菜过敏的宝宝应忌放香菜。

鲜橘汁

原料

鲜橘子适量，温开水各适量。

做法

1.将鲜橘子洗净，切成两半，放在挤果汁器中压出橘汁。

2.加入温开水即可。依此法可制鲜桃汁、西瓜汁、鲜梨汁等。

“芝宝贝”喂养经

感冒的宝宝应注意多饮水，吃一些容易消化的食物，以流质软食为宜，如菜汤、稀粥、面汤、蛋汤、牛奶等。还应多吃鸭梨、橘子、广柑等富含维生素C的水果。宝宝没有食欲时，可暂减食入量，以免引起积食。

营养便利贴

酸甜可口，止咳润肺，1个橘子就可满足宝宝每天所需的维生素C。

肉丝面片汤

原料

面片150克，熟猪肉丝100 克，菠菜50克，高汤500毫升，盐、胡椒粉、鸡精、香油、酱油、醋、葱末各适量。

做法

1.碗中放葱末、酱油、醋、胡椒粉、盐、香油，拌成调味料，待用。

2.菠菜择洗干净，切段。

3.锅中倒入高汤煮开，放入面片，用筷子搅散，然后放熟猪肉丝、菠菜，待锅再开后，把调好的调味料倒入锅中，稍煮片刻即可出锅。

“芝宝贝”喂养经

宝宝感冒后的饮食既要有充足的营养，又要能增进食欲，如白米粥、小米粥等，如果退热时有食欲，可以给半流质饮食，如面片汤、馄饨、菜泥粥、清鸡汤挂面等，但不能吃得过多，可少量多次。中医认为受邪不宜补，因此，感冒后应少吃荤腥食物，特别忌服滋补性食品。

雪梨川贝盅

原料

雪梨2个，川贝10粒，冰糖少量。

做法

1.雪梨洗净，在每个雪梨的顶部切开一块，将核挖出。

2.在每个梨中放入川贝和少量冰糖。

3.把切下的梨盖好，放在蒸锅中，蒸30分钟即可。

营养便利贴

雪梨可生津润燥、清热化痰，川贝可化痰止咳、清热散结，冰糖可养阴生津，润肺止咳。

胡萝卜汤

原料

胡萝卜适量，清水适量。

做法

1.将胡萝卜洗净，切碎，放入不锈钢锅内，加入水，上火煮沸约20分钟。

2.用纱布过滤去渣即可饮用。

巧手厨房

用新鲜的胡萝卜做原料。操作时，要切碎、煮烂，去净胡萝卜渣。

营养便利贴

胡萝卜含有大量的果胶，具有促进大便成形并吸附肠道内的细菌和毒素的功效。胡萝卜中的挥发油，也能起到促进消化和杀菌的作用。而且，胡萝卜中还含有一定量的人体必需的矿物质和微量元素，能补充因腹泻丢失的大量无机盐和微量元素。

浓米汤

原料

大米（小米、高粱米均可）适量，清水适量。

做法

取大米、小米、高粱米任一种，淘洗干净，放入锅内，添入水，煮成烂粥，取米汤饮用。

巧手厨房

开锅后用微火熬，要熬到米开花、米汤发黏。

营养便利贴

米汤中含有高浓度的碳水化合物，可增加水盐的吸收。其中的维生素对预防和治疗某些维生素缺乏性腹泻有一定的补充作用。

“芝宝贝”喂养经

大米汤、糯米汤、玉米汤、小米汤、高粱米汤等都可以缓解腹泻。米汤熬得不要太稠也不要过稀。饮用的次数和用量要与腹泻的次数成正比。腹泻好转后，仍需坚持饮用两三天米汤，以补充体内损耗的水分和营养。